Spitzer

Gott-Gen und Großmutterneuron

Mit freundlicher Empfehlung

Manfred Spitzer

Gott-Gen und Großmutterneuron

Geschichten von Gehirnforschung und Gesellschaft

Mit 68 Abbildungen

 Schattauer Stuttgart
New York

Prof. Dr. Dr. Manfred Spitzer
Universität Ulm
Psychiatrische Klinik
Leimgrubenweg 12–14
89075 Ulm

Bibliografische Information der Deutschen Bibliothek
Die Deutsche Bibliothek verzeichnet diese Publikation in der Deutschen Nationalbibliografie; detaillierte bibliografische Daten sind im Internet über <http://dnb.ddb.de> abrufbar.

Besonderer Hinweis:
Die Medizin unterliegt einem fortwährenden Entwicklungsprozess, sodass alle Angaben, insbesondere zu diagnostischen und therapeutischen Verfahren, immer nur dem Wissensstand zum Zeitpunkt der Drucklegung des Buches entsprechen können. Hinsichtlich der angegebenen Empfehlungen zur Therapie und der Auswahl sowie Dosierung von Medikamenten wurde die größtmögliche Sorgfalt beachtet. Gleichwohl werden die Benutzer aufgefordert, die Beipackzettel und Fachinformationen der Hersteller zur Kontrolle heranzuziehen und im Zweifelsfall einen Spezialisten zu konsultieren. Fragliche Unstimmigkeiten sollten bitte im allgemeinen Interesse dem Verlag mitgeteilt werden. Der Benutzer selbst bleibt verantwortlich für jede diagnostische oder therapeutische Applikation, Medikation und Dosierung.
In diesem Buch sind eingetragene Warenzeichen (geschützte Warennamen) nicht besonders kenntlich gemacht. Es kann also aus dem Fehlen eines entsprechenden Hinweises nicht geschlossen werden, dass es sich um einen freien Warennamen handelt.

© 2006 by Schattauer GmbH, Hölderlinstraße 3, 70174 Stuttgart, Germany
E-Mail: info@schattauer.de
Internet: http://www.schattauer.de
Printed in Germany

Umschlagabbildung: „Hände", Anja Spitzer, Ulm
Satz: Satzpunkt Ursula Ewert GmbH, Bayreuth
Druck und Einband: Clausen & Bosse, Leck

ISBN 3-7945-2498-5
ISBN 978-3-7945-2498-3

Vorwort

Auch im Jahr 2005 war die Wissenschaft und insbesondere die Gehirnforschung voller Überraschungen: Wer hätte gedacht, dass im Hinblick auf die unter Psychologiestudenten der 70er-Jahre verbreitete ironische Popanz-Theorie – Wahrnehmung gehe doch nun wirklich nicht von der Netzhaut des Auges bis zum Großmutterneuron im Gehirn – bestätigt wurde, dass das doch exakt so funktioniert? Oder wer hätte gedacht, dass man Vertrauensbildung im Scanner – oder noch besser: in zwei Scannern – neurobiologisch untersuchen kann? Wer hätte gedacht, dass nicht nur Krankheiten eine erbliche Komponente aufweisen, sondern auch (durchaus gesunde) Einstellungen und Meinungen? Oder wer hätte gedacht, dass sich die pechschwarzen Vertreter eines afrikanischen Stamms nach DNA-Analysen tatsächlich als Nachfahren von Moses herausstellen? Dass man ein Gen für die Charaktereigenschaft der Religiosität gefunden hat, erscheint vor diesem Hintergrund schon fast unspektakulär!

So bildet der Titel *Gott-Gen und Großmutterneuron* keineswegs den ganzen Inhalt dieses Büchleins ab, sondern lässt – pars pro toto – zwei Beispiele für das schwer unter einen Hut zu bringende Ganze stehen. Bei diesem Ganzen geht es mir um nichts weniger als unsere Gesellschaft, also um uns alle. Aus meiner Sicht kann man Wissenschaft nicht ernsthaft betreiben (bzw. nimmt man entweder sie oder sich nicht ernst), wenn man nicht über die Konsequenzen der Erkenntnisse für unsere Gesellschaft nachdenkt. Dies heißt im Hinblick auf nicht weniger als vier Beiträge in diesem Buch: Weil wir über die Gehirnentwicklung einiges wissen, weil wir über Lernen einiges wissen und weil unsere Kinder und Jugendlichen nach dem Schlafen (letzteres etwa 7 bis 8 Stunden täglich) die zweitmeiste Zeit vor Bildschirmmedien verbringen (nämlich etwa 5,5 Stunden), kann man nicht gelassen zur Kenntnis nehmen, dass die Inhalte der Sendungen von reinen Profitinteressen bestimmt werden. Nicht nur die Gehirne der nächsten Generation werden vermüllt; letztlich geht es um die Zukunftsfähigkeit eines ganzen Landes.

Und wenn wir schon dabei sind: Es wird höchste Zeit, dass wir mit der Gehirnwäsche endlich aufhören, die uns glauben machen soll, in der ubiquitären Ellenbogenmentalität läge unser Heil. Die experimentelle Mikroökonomie, die Sozialpsychologie, die Anthropologie und sogar die Primatenforschung haben gezeigt, dass es sich bei der Fairness keineswegs um eine Erfindung spätkapitalistisch-postmoderner Existenzweisen als Reaktion auf frühkapitalistische Auswüchse handelt, sondern um eine tief verwurzelte menschliche Neigung. Schon der Schimpanse will fair behandelt werden, und der Mensch in allen diesbezüglich untersuchten Kulturen auch. Nicht Konkurrenz, sondern Kooperation ist in Kindergärten und Schulen, in der Wirtschaft und in der Wissenschaft grundlegend und daher zu fördern. Nicht Angst gilt es zu schüren und über alle Kanäle zu verbreiten (wozu dies führt, zeigt das Beispiel der Osterinsel), sondern Freude, Mitmenschlichkeit und Anteilnahme. Dies liegt uns Menschen eigentlich; aber wir können uns dummerweise auch einreden, dass es anders sei.

Wie auch die sechs vorangegangenen kleinen Büchlein (ich spare mir jetzt den Hinweis darauf, dass ich kaum glauben kann, dass es schon so viele sind) entstand diese siebente Aufsatzsammlung während meines siebenten Jahres der Herausgeberschaft des psychiatrischen Teils der Zeitschrift Nervenheilkunde.

Und wie schon in den vergangenen sechs Jahren möchte ich an dieser Stelle all denjenigen ganz herzlich danken, die mir bei meiner Arbeit helfen und ohne die ich etwa so effektiv wäre wie der Steuermann eines Achters im Rudern ohne seine acht Mann. Ganz besonders gilt mein Dank auch den unermüdlichen Mitarbeitern des Schattauer-Verlags und den Kollegen in der Nervenheilkunde, auf allen Ebenen: Herrn Bergemann, Herrn Dr. Bertram, Frau Dr. Beschoner, Frau Borchers, Frau Heyny, Herrn Dr. Hueber, Herrn Luscher, Frau Maaß-Stoll, Frau Dr. Mülker, Frau Dr. Schürg und Herrn Prof. Dr. Dieter Soyka.

Danken möchte ich ebenfalls wieder den Kollegen, die mir in vielen Zuschriften, E-Mails, Telefonaten und Gesprächen vor allem Ermunterung zugesprochen haben. Ich weiß, dass ich oft komplizierte und manchmal auch unbequeme Dinge anspreche, und ich freue mich, wenn es mir dadurch gelingt, andere Menschen zum Nachdenken anzuregen.

Ein Letztes: Wer verständlich schreibt und redet, geht das Risiko ein, verstanden zu werden.

Ulm, im Frühjahr 2006   Manfred Spitzer

Inhalt

Das Gott-Gen

„*Am 28. Mai 1938 wurden im City Hospital von Binghampton, New York, eineiige Zwillinge im Abstand von fünf Minuten geboren, die später unter den Namen Tony Milasi und Roger Brooks bekannt wurden. Ihre Mutter war Katholikin, ihr Vater Jude. Weil die Eltern jeweils anderweitig verheiratet waren, entschieden sie sich dafür, die Kinder kurz nach der Geburt zur Adoption freizugeben. Ohne dass dies beabsichtigt war, erhielten die Zwillinge auf diese Weise eine sehr unterschiedliche Erziehung. Hierdurch wurden sie zu einem perfekten Testfall für die Einflüsse der Natur und der Umgebung auf Religiosität. Tony wurde von einem am Ort lebenden Paar italienischer Abstammung adoptiert, Pauline und Joseph Milasi, die seit Jahren ein Kind haben wollten ...*" (8, S. 168, Übersetzung durch den Autor).

Das *Gott-Gen* – so heißt das 2004 erschienene Buch des am *National Institute of Mental Health* arbeitenden Verhaltensgenetikers Dean Hamer, dem das vorstehende Zitat entstammt. Immer wieder erstaunt, wie Amerikaner über sehr wenig Inhalt ein ganzes Buch schreiben können. Wie man es macht, zeigt das Zitat, denn über weite Strecken erzählt der Autor entweder Geschichten (wie die von Tony und Roger, die verschieden aufwuchsen, jedoch etwa zur gleichen Zeit Interesse für Religion entwickelten, Tony für den Katholizismus und Roger für das Judentum) oder bekannte Tatsachen.

Dabei ist der Inhalt des Buches durchaus interessant. Er lässt sich allerdings in einem Satz zusammenfassen: Als Nebenprodukt der Arbeit zur Genetik von Suchterkrankungen wurde entdeckt, dass die Persönlichkeitseigenschaft der Neigung zur Spiritualität mit Varianten (Allelen) eines Gens korreliert, das ein Protein kodiert, welches in der Transmission von Dopamin, Serotonin und Noradrenalin eine Rolle spielt. – Das war's.

Der genetische Polymorphismus A33050C betrifft das Gen VMAT2, dessen Produkt am Transport von Monoaminen in synaptische Vesikel beteiligt ist und bei kokainsüchtigen Patienten als erniedrigt gefunden wurde (16). Das Gen liegt auf Chromosom 10 des menschlichen Genoms, sein Name bezeichnet den genauen Ort, an dem sich entweder die Base Adenin (A-Variante) oder Cytosin (C-Variante) befindet. Wer die C-Variante auf mindestens einem seiner beiden Chromosomen Nr. 10 mit sich herumträgt, neigt signifikant zu „Selbsttranszendenz" und etwas (Trend) zu „Mystizismus" und „transpersonaler Identifikation" in entsprechenden Persönlichkeitsfragebögen. Dies fand Hamer, der 1993 Furore mit einer Studie zur Genetik der Homosexualität machte (9), in einer Studie an 226 Versuchspersonen heraus, die einen Persönlichkeitsfragebogen (2, 3) ausfüllten und deren DNA analysiert wurde. Das Buch handelt mithin nicht von der Genetik einer Religion und schon gar nicht von einem „Gen für Gott", was Hamer auch betont (warum er dann sein Buch so betitelt, wird man wahrscheinlich eher den Marketing-Strategen des Verlags fragen müssen).

Es geht vielmehr um eine Persönlichkeitsvariante wie Neugier oder Extraversion, die von Hamer wie folgt beschrieben wird: „*Self-transcendence is a term used to describe spiritual feelings that are independent of traditional religiousness. It is not based on belief in any particular God, frequency of prayer, or other orthodox religious doctrines or practices*" (8, S. 18). Es geht also nicht um einen bestimmten Glauben, denn dieser ist erlernt und damit nicht genetisch, sondern durch die Umwelt bedingt, wie zahlreiche Studien belegen: Eine Untersuchung an 3 810 australischen Zwillingen (6) ergab, dass sich die Religionszugehörigkeit vor allem nach der Umgebung und kaum nach den Genen richtet. Mütter haben einen größeren Einfluss auf die Religiosität der Kinder als Väter, und es ist der Effekt des gleichen Elternhauses (nicht der gleichen Gene), der sich in gleicher Religionszugehörigkeit bei Zwillingen zeigt. Nicht religiöse Inhalte werden vererbt, sondern der Grad der Religiosität, wie auch Kendler und Kollegen (13) bei 1 902 Zwillingen fanden.

Wie dies geschehen kann, wie also eine genetische Variation zu einer Variation im spirituellen Denken und Verhalten führen kann, lässt Hamer letztlich offen. Er spricht davon, dass Serotonin und Dopamin etwas mit Bewusstsein und Emotionen zu tun haben; seine Diskussion dieser Neuromodulatoren ist im Lichte dessen, was man heute zu deren Beteiligung an Prozessen der Bedeutungsgebung, Bewertung und Entscheidung weiß, bestenfalls oberflächlich zu nennen.

Dass es hier interessante Zusammenhänge gibt, weiß der Psychiater aus seinem klinischen Alltag mit den dopaminerg vermittelten „Bedeutungserlebnissen" schizophrener und dem serotonerg bedingten Schuldwahn depressiver Patienten nur zu gut. Aus dieser klinisch abgeklärten Sicht der Dinge ist die Aufregung um Hamers Studie nur schwer zu verstehen. Auch in theologischer Hinsicht werden durch ein genetisches Korrelat von Religiosität keine neuen Fragen aufgeworfen, diskutiert man doch seit den Zeiten der Kirchenväter darüber, wie Gottes Allmacht und Vorsehung mit freier Entscheidung des Einzelnen (unter anderem für oder gegen Gott), wie Gerechtigkeit mit Gnade oder wie Allwissenheit mit Entwicklung, Handlung und Ablauf in der Zeit zu vereinbaren sind. Verglichen damit muten die Äußerungen mancher Kirchenvertreter zum Gott-Gen eher oberflächlich an: In der *Washington Times* steht: „*His findings have been criticized by leading clerics, who challenge the existence of a ‚God Gene' and say the research undermines a fundamental tenet of faith – that spiritual enlightenment is achieved through divine transformation rather than the brain's electrical impulses*" (4).

Der Theologe John Polkinghorn wird an gleicher Stelle mit den Worten zitiert: „*The idea of a God gene goes against all my personal theological convictions. You can't cut faith down to the lowest common denominator of genetic survival. It shows the poverty of reductionist thinking.*" Und Donald Bruce, der Direktor des Projekts „Gesellschaft, Religion und Technologie" der Kirche von Schottland, meint: „*There is absolutely no such thing as a god gene. The whole point is that god makes himself available to all equally*" (17).

Dies sieht der Bischof der Episcopalen Kirche, John B. Chane von der Diözese Washington, ganz anders: „*I wondered for a long time why [the concept of] a genetic implant hasn't been put in print or been part of a conversation in the broad theological community.*" Er denkt damit in eine Richtung, die vom Begründer der Soziobiologie,

Edward O. Wilson, als größte Herausforderung für seine Wissenschaft bezeichnet wurde.

Lassen wir also bis auf weiteres die Theologie beiseite und wenden wir uns den Fragen zu, die ein Gott-Gen *für die Biologie* aufwirft: *„Für die Human-Soziobiologie stellt die Religion die größte Herausforderung und die erregendste Gelegenheit dar, sich zu einer wirklich eigenständigen theoretischen Disziplin zu entwickeln"* (34, S. 165f).

In evolutionsbiologischer Hinsicht lautet die Frage, die sich durch die Entdeckung einer genetischen Komponente der Persönlichkeitsvariable Religiosität stellt: Wie kann ein Gen (oder besser gesagt viele Gene), das Menschen für den Glauben an Gott prädisponiert, im Laufe der Evolution entstanden sein bzw. wenn es dieses Gen gibt, warum konnte es sich verbreiten? Zunächst einmal gibt es hier nämlich durchaus ein Problem: Wir verstehen die Evolution des ZNS als einen Prozess der zunehmenden Informationsverarbeitungsleistung – ein Schaf verhält sich zu einer Schnecke wie ein 2-Gigaherz-Double-Pentium-PC zu einem Taschenrechner –, und Gehirne bilden im Laufe der Evolution immer besser die Welt und deren Komplexität ab. Wie kann unter diesen Umständen so etwas entstehen wie ein Gehirn, das an etwas glaubt, das – darin sind sich religiöse Menschen mit den Atheisten einig – definitionsgemäß *keine* empirische Basis hat? Profaner gewendet: Wer sich mit Gott beschäftigt, der kümmert sich in dieser Zeit gerade *nicht* um Nahrungssuche oder Fortpflanzung, verschwendet aus evolutionärer Sicht seine Zeit, gibt seine Gene mit geringerer Wahrscheinlichkeit an die nächste Generation weiter und sollte daher gar nicht existieren. Wie konnten sich diese Gene durchsetzen?

Nun gibt es aber zweifelsohne das Phänomen der Religiosität bzw. Spiritualität: Die Menschen *glauben* an alles Mögliche, von dem sie nichts wissen. Warum? – Wenn man so fragt, geht es nicht mehr darum, wie Katecholamine oder Indolamine auf unser Fühlen und Denken wirken, also um *proximate causes* (wie diese physiologischen oder biochemischen Wirkungsmechanismen in der Diskussion über Evolutionsprozesse oft genannt werden), sondern um *ultimate causes*: um evolutionäre Mechanismen.

Die Diskussion dieser *ultimate causes* fällt bei Hamer recht mager aus. Er nennt drei: Spiritualität sei erstens gesund, zweitens wirke sie als Plazebo (und mache auf diese Weise gesund) und drittens verursache Dopamin Wohlbefinden und Neuigkeitssuche, und jemand, der sich wohl fühlt und gelegentlich einen neuen Geschlechtspartner sucht, habe auch mehr Kinder. Gehen wir diesen Überlegungen etwas genauer nach:

These Nr. 1: Spiritualität ist gesund

a) Wer in die Kirche geht, lebt länger, so die einfachste Variante dieser Behauptung. Levin (15) erstellte eine Übersicht zu mehr als 250 Studien zu Religiosität und Gesundheit, die in den vergangenen mehr als 100 Jahren publiziert wurden und im Wesentlichen einen positiven Zusammenhang verzeichnen; nichts anderes fanden Mueller und Mitarbeiter (20) von der Mayo-Klinik in einer Übersicht zu fast 350 Arbeiten zur körperlichen und 850 Arbeiten zur seelischen Gesundheit und Religiosität. Eine Metaanalyse von 42 unabhängigen Stichproben mit einem Gesamt-N von 125 826 ergab die Effektstärke von 1,29 (Konfidenzintervall 1,20– 1,39) für den Zusammenhang von niedrigerer Mortalität und Religiosität (19).

3

Die folgenden Originalarbeiten erscheinen erwähnenswert: Strawbridge und Mitarbeiter (29) berichten über Daten, die an 5 286 Amerikanern über einen Zeitraum von fast drei Jahrzehnten erhoben wurden und die einen klaren Zusammenhang zwischen Gottesdienstbesuch und Mortalität zeigten: Die Mortalität häufiger Kirchgänger lag bei 64 % der Mortalität von seltenen Kirchgängern. Modellrechnungen zu erhobenen konfundierenden bzw. intervenierenden Variablen zeigten, dass der Zusammenhang durch Gesundheitsverhalten oder Sozialkontakte allein nicht erklärt werden kann (vgl. 30). Da diese Studie im Längsschnitt durchgeführt wurde, entfällt die Erklärung, Gesunde gingen mit größerer Wahrscheinlichkeit in die Kirche.

Ein Jahr später, 1998, publizierten Koenig und Larson (14) eine Studie an 455 konsekutiven stationären Patienten des Duke Medical Centers im Alter von über 60 Jahren, die den Zusammenhang zwischen Kirchgang und Inanspruchnahme medizinischer Einrichtungen zum Inhalt hatte. Nicht-religiöse Patienten verbrachten im Mittel 25 Tage pro Jahr im Krankenhaus, verglichen mit 11 Tagen bei den religiös gebundenen Patienten. Auch die Anzahl der Krankenhausaufenthalte war direkt mit dem Gottesdienstbesuch korreliert (vgl. Abb. 1): Je öfter eine Person in die Kirche ging, desto geringer war die Wahrscheinlichkeit, dass sie stationär behandelt werden musste.

Durch Verbindung zweier großer Datenbanken gelang es Hummer und Mitarbeitern (11) ein Jahr später, den Kirchgang bzw. Besuch des Gottesdienstes bei 21 204 Amerikanern, erhoben im Jahr 1987, mit deren Wahrscheinlichkeit, während der

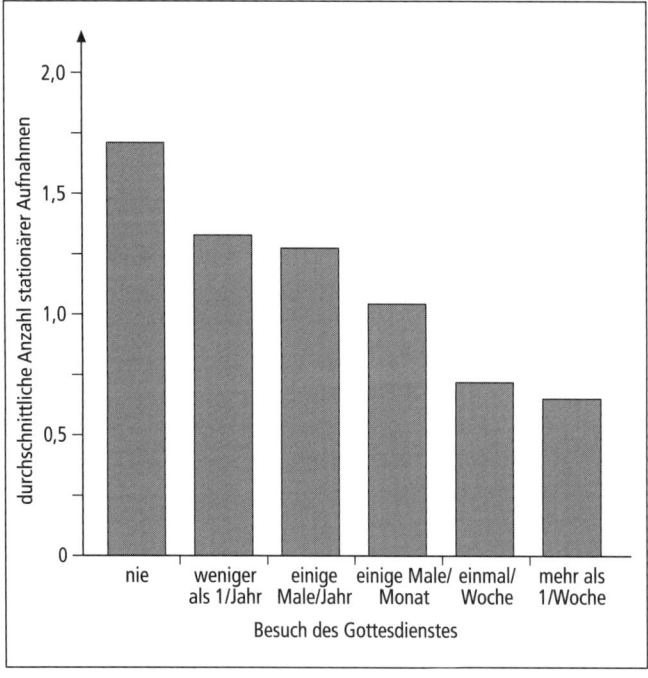

Abb. 1 Gottesdienstbesuch und durchschnittliche Anzahl stationärer Einweisungen (Daten aus 14, S. 928).

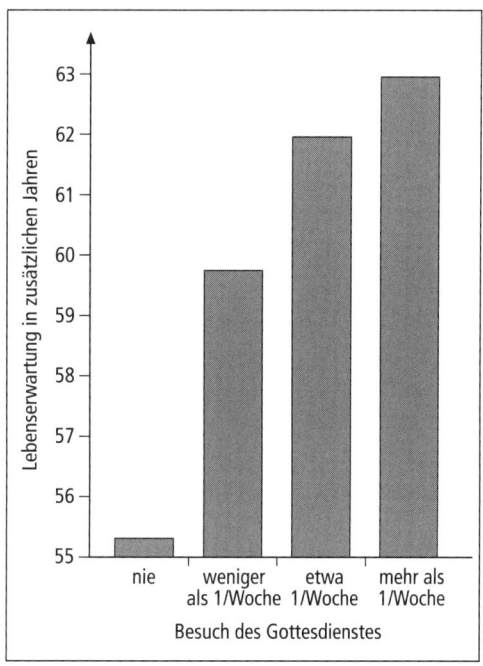

Abb. 2 Lebenserwartung in Jahren eines Zwanzigjährigen (noch zu lebende Jahre) in Abhängigkeit vom Besuch des Gottesdienstes (Daten aus 11, S. 278).

nächsten 7 Jahre zu versterben, in Beziehung zu setzen. Der Gang zur Kirche erwies sich als ebenso bedeutsam wie das Geschlecht oder die Rassenzugehörigkeit (vgl. Abb. 2) und war unabhängig von diesen beiden Variablen. Für die Gesamtbevölkerung war der Unterschied in der Lebenserwartung – berechnet in Jahren, die ein Zwanzigjähriger noch zu leben hat – zwischen denjenigen, die niemals in die Kirche gehen, und denjenigen, die öfter als einmal wöchentlich zur Kirche gehen, mit über 7 Lebensjahren erstaunlich hoch. Man kann es auch anders ausdrücken: Verglichen mit einer Person, die öfter als einmal wöchentlich zur Kirche geht, hat eine Person, die nie zur Kirche geht, ein um 87 % höheres Mortalitätsrisiko. Es zeigte sich weiterhin, dass der Effekt „dosisabhängig" war (je öfter der Gottesdienst besucht wurde, desto geringer die Sterbewahrscheinlichkeit bzw. desto höher die Lebenserwartung) und sich nicht auf Faktoren wie den sozioökonomischen Status und nur geringfügig auf andere gesundheitsbestimmende Variablen zurückführen ließ. Zum Vergleich: Starkes Rauchen war mit einer 63 % höheren Mortalität, Übergewicht mit 14 % höherer Mortalität, starker Alkoholkonsum mit 11 % höherer Mortalität und völlige Alkoholabstinenz mit 8 % höherer Mortalität verbunden. Das Problem all dieser Daten ist jedoch erstens, dass sie keine Aussage über Ursache und Wirkung erlauben. Zweitens kann Religiosität auch negative Konsequenzen für die Gesundheit haben (21). So ist die Luft in den Kirchen schlechter als an Straßen mit einem Verkehrsaufkommen von mehr als 45 000 Autos täglich. Vor allem aufgrund rußender Kerzen übertrifft der Schadstoffgehalt der Kirchenluft die Europäischen Luftverschmutzungsstandards um mehr als das 20fache (5).

Schließlich muss drittens ganz grundsätzlich eingewendet werden, dass Spiritualität nur sehr gering mit dem Kirchgang korreliert und dass dieser in aller Regel gemessen wird, wenn es um die Auswirkungen religiösen Lebens auf die Gesundheit geht.

b) Zur Aufklärung des Zusammenhangs von Spiritualität und Gesundheit wurde das Gesundbeten untersucht, das von immerhin 75 % der 296 befragten amerikanischen Ärzte als wirksam für die Gesundung eingestuft wurde (vgl. 25). In manchen randomisierten (!) Studien wurden sogar Effekte gefunden (10), in anderen allerdings nicht (1). Auch mit diesen Daten gibt es ein grundsätzliches Problem: Die positiven Auswirkungen der Spiritualität betreffen nicht den Betenden, sondern denjenigen, für den gebetet wird. Aus Sicht der Evolution handelt man sich mit diesem Argument alle Erklärungsnotstände des Altruismus ein, über die hier nicht weiter diskutiert werden soll.

Angemerkt sei hier noch, dass kein anderer als Sir Francis Galton, der Neffe Charles Darwins, sich mit dem Effekt des Gesundbetens beschäftigt hat. Da sehr viele Untertanen Mitglieder des Königshauses in ihre Gebete einschlössen, müssten diese länger leben, sofern es hier einen Effekt gebe. James Watson (32, S. 18) beschreibt dies in seinem Buch über die DNA: „*He figured that if prayer worked, those most prayed for should be at an advantage; to test the hypothesis he studied the longevity of British monarchs. Every Sunday, congregations in the Church of England following the Book of Common Prayer beseeched God to ‚Endue the king/queen plenteously with heavenly gifts; Grant him/her in health and wealth long to live.‘ Surely, Galton reasoned, the cumulative effect of all those prayers should be beneficial. In fact, prayer seemed ineffectual: he found that on average the monarchs died somewhat younger than other members of the British aristocracy.*“

These Nr. 2: Der Plazeboeffekt
Der Glaube heile im Sinne des Plazeboeffekts, wurde als Erklärung für den positiven Zusammenhang von Religiosität und Gesundheit vorgeschlagen. Wer an die Wirkung einer Medizin glaubt, der erträgt nicht nur manche Schmerzen besser (hierbei ist der Plazeboeffekt am deutlichsten; vgl. 24), sondern wird auch eher gesund. Interessant ist in diesem Zusammenhang sicherlich, dass Religionsgründer fast immer auch Heiler waren. Allerdings zeigen neuere Metaanalysen zum Plazeboeffekt, dass dieser bei anderen Erkrankungen als Schmerzsyndromen eher gering ausfällt oder nicht nachweisbar ist. Man kann sich durchaus vorstellen, dass Religiosität die depressionsauslösenden Auswirkungen von Stress abmildern kann, wie eine Literaturübersicht (18) sowie eine Zwillingsstudie von Kendler und Mitarbeitern (13) nahelegen. Aus empirischer Sicht ist das Religion-als-Plazebo-Argument daher durchaus vertretbar, jedoch wird es von kritischen Stimmen als eher schwach eingestuft.

These Nr. 3: Spiritualität und Nachkommen
Für das Argument, dass Spiritualität genetische Vorteile in Form von mehr Nachkommen bedingt, braucht man weder die dopaminbedingte Neugier (auf einen anderen Partner) noch die Ausgelassenheit (sehr schön beschrieben in Kay Jamisons neuestem

Buch *Exuberance*) und schon gar nicht das Überborden der Sexualität des Manikers heranzuziehen. Wilson wies darauf hin, dass religiöse Führer ihren Nachfolgern oft ein eher asketisches Leben und viele Kinder aufgetragen haben, was langfristig zur Ausbreitung jener Gene führt, die das Erlernen jener religiöser Praktiken erleichtern. Auch spricht er von den Vorteilen „gläubiger" Menschen für Kohäsion einer Gruppe. Eine Untersuchung von Roes und Raymond (23) zu den Korrelationen geographischer Bedingungen der Existenz von Gesellschaften und religiöser Einstellungen scheint dies zu bestätigen: Wo wenig Wasser ist, muss man sparsam mit dieser Ressource umgehen, weswegen strengere Regeln gebraucht werden, die am besten durch strengere Götter implementiert werden. Je kärglicher das Wasser, desto strenger die Götter, lautet die Voraussage der Autoren, die sie anhand kulturvergleichender Daten zu belegen suchen.

Überlegungen zu den evolutionären Vorteilen von Religiosität laufen damit letztlich auf Argumente für Gruppenselektion hinaus, also für einen evolutionären Mechanismus, der lange aus der Mode gekommen war, in jüngster Zeit jedoch wieder ernsthaft diskutiert wird (22, 33). *„Indem sie Normen etabliert, soziale Bindung und Identität stiftet und nicht zuletzt potenzielle Betrüger fern hält, fördert sie Kooperation nach innen und Konkurrenzfähigkeit nach außen. Kurz: Religiosität ist eine biologische Angepasstheit"* fassen auch Voland und Soeling (31, S. 61f) diese Überlegung zusammen. Die Autoren identifizierten zuvor vier „Module" bzw. „kognitive Domänen" – *Mystik, Ethik, Mythen* und *Rituale* –, von denen jede für sich evolvieren konnte und deren komplexes Zusammenspiel das Phänomen Religiosität bewirken soll:
„Mystik *beruht auf intuitiven Ontologien und dient der Kontingenzbewältigung und Entscheidungsfindung in einer fluktuierenden und ungewissen Lebenswelt.* Ethik *erhöht die Sozialkompetenz und die Kooperationsgewinne in einer Welt persönlicher Nutzenmaximierer.* Mythen *dienen als Identität stiftende soziale Bindemittel der In-group-/out-group-Differenzierung, und* Rituale *schließlich exekutieren das ‚Handicap-Prinzip' zur Etablierung verlässlicher moralischer Standards innerhalb der Gruppe"* (31, S. 47; vgl. auch 26).
„Gehirne sind im Laufe der Evolution entstanden, um mit der Realität in immer effizienterer Weise umzugehen. Dies beinhaltet in der Regel, dass die Realität immer exakter bzw. detailreicher intern repräsentiert wird, sodass die Reaktionen des Organismus auf die Realität zunehmend differenziert und komplex sein können. Zweifelsohne trifft dies in ganz besonderem Maße auf das menschliche Gehirn zu", schrieb ich 2003 an anderer Stelle und fuhr fort: *„Hierbei ist das Gehirn mitunter sehr ‚kreativ' und entdeckt Regeln selbst dort, wo keine sind. Weil das Gehirn ein permanent arbeitender Geschichtengenerator ist, sieht es nicht nur Regeln, wo keine sind, sondern erfindet auch noch Geschichten, die diese Regeln mehr oder weniger plausibel erscheinen lassen. Warum aber tut es das?"* (27).
Ich glaube nicht, dass wir heute, auch nach der Entdeckung des Gott-Gens, in diesen Fragen weiter gekommen sind.
Bedenken wir nochmals das Szenario der Ausbreitung des heutigen Menschen aus Afrika: Eine Gruppe unserer Vorfahren in Afrika beschließt, in unbekanntes Gelände aufzubrechen. Nur wer es schaffte, sich selbst und eine Gruppe von Anhängern davon

7

zu überzeugen, dass die Lebensbedingungen jenseits des Horizonts mindestens so gut seien wie am Ort, war in der Lage, die Sicherheit des Status quo zu verlassen und anderswohin zu gehen. Viele werden gescheitert sein, manche aber nicht, und von denen stammen wir ab, weltweit. Damit haben sich definitionsgemäß nur diejenigen ausgebreitet, die über genau solche Denkstrukturen verfügten, also neugierig waren und auch einmal etwas wagten, auf gut Glück und mit jeder Menge Optimismus im Bauch, Hoffnung im Herzen – und Dopamin im Kopf (28). Vielleicht hat das C-Allel des VMAT2-Gens dabei etwas mitgeholfen.

Wen das stört, der bedenke: Ich persönlich bin recht neugierig, und es gibt Hinweise dafür, dass dieses Persönlichkeitsmerkmal mit meinem Dopaminsystem in Zusammenhang steht (7). Bin ich deswegen weniger neugierig? Oder muss ich gar befürchten, dass es die Neugierde nicht gibt, weil man weiß, wie sie im Gehirn zustande kommt? – Warum soll es mit der Religiösität anders sein als mit der Neugierde? Mit der Identifizierung eines Gens für das Persönlichkeitsmerkmal der Religiösität kennen wir jetzt einen Grund mehr, warum Menschen sich unter anderem auch dahingehend unterscheiden, dass die einen mehr und die anderen weniger religiös sind. Nicht weniger; aber auch nicht mehr!

Literatur

1. Aviles JM et al. Intercessory prayer and cardiovascular disease progression in a coronary care unit population: a randomized controlled trial. Mayo Clin Proc 2001; 76: 1192–8.
2. Cloninger CR. A systematic method for clinical description and classification of personality variants. Arch Gen Psych 1987; 44: 573–88.
3. Cloninger CR et al. A psychobiological model of temperament and character. Arch Gen Psych 1993; 50: 975–90.
4. Day E. Geneticist claims to have found „God gene" in humans. The Washington Times 15.11.2004 (www.washingtontimes.com).
5. De Kok TMCM et al. Radicals in the church. European Respiratory Journal 2004; 24: 1069–70.
6. Eaves L et al. Religious affiliation in twins and their parents: Testing a model of cultural inheritance. Behav Genet 1990; 20: 1–22.
7. Fiorillo CD et al. Discrete coding of reward probability and uncertainty by dopamine neurons. Science 2003; 299: 1898–902.
8. Hamer D. The God gene. How faith is hardwired into our genes. New York: Doubleday 2004.
9. Hamer D. A linkage between DNA markers on the X-chromosome and male sexual orientation. Science 1993; 261: 321–7.
10. Harris WS et al. A randomized, controlled trial of the effects of the remote, intercessory prayer on outcomes in patients admitted to the coronary care unit. Arch Int Med 1999; 159: 2273–8.
11. Hummer RA et al. Religious involvement and U.S. adult mortality. Demography 1999, 36: 273–85.
12. Jamison KR. Exuberance: The passion for life. New York: Random House 2004.
13. Kendler KS et al. Religion, psychopathology, and substance use and abuse: a multimeasure, genetic-epidemiologic study. Am J Psych 1997; 154: 322–9.

14. Koenig HG, Larson DB. Use of hospital service, religious attendance, and religious affilitation. South Med J 1998; 91: 925–30.
15. Levin JS. Religion and Health: Is there an association, is it valid, and is it causal? Soc Sci Med 1994; 38: 1475–82.
16. Little KY et al. Loss of striatal vesicular monoamine transporter protein (VMAT2) in human cocaine users. Am J Psych 2003; 160: 47–55.
17. Mark J. Religious fanatic? Blame it on the „god gene" (John Mark Ministries 2004; jmm.aaa.net.au/articles/13786.htm).
18. McCullough ME, Larson DB. Religion and depression: a review of the literature. Twin Res 1999; 2: 126–36.
19. McCullough ME et al. Religious involvement and morality: a meta-analytic review. Health Psychol 2000; 19: 211–22.
20. Mueller PS et al. Religious involvement, spirituality, and medicine: implications for clinical practice. Mayo Clin Proc 2001; 12: 1225–35.
21. Pargament KI et al. Religious struggle as a predictor of mortality among medically ill elderly patients. Arch Intern Med 2001; 161: 1881–5.
22. Richerson PJ et al. Cultural evolution of human cooperation. In: Hammerstein P (Hrsg). Genetic and cultural evolution of cooperation. Cambridge: MIT Press 2003, S. 357–88.
23. Roes L, Raymond M. Belief in moralizing gods. Evol Hum Behav 2003; 24: 126-35.
24. Rowbotham DJ. Endogenous opioids, placebo response, and pain. The Lancet 2001; 357: 1901–2.
25. Sloan RP et al. Religion, spirituality, and medicine. The Lancet 1999; 353: 664–7.
26. Soeling C, Voland E. Toward an evolutionary psychology of religiosity. Neuroendocrin Letters 2002; 23 (Suppl. 4): 98–104.
27. Spitzer M. Kristall-Homöopathie und Pyramidenresonanzenergie (Editorial) Nervenheilkunde 2003; 22: 281–4.
28. Spitzer M. Selbstbestimmen. Gehirnforschung und die Frage: Was sollen wir tun? Heidelberg: Spektrum Akademischer Verlag 2003.
29. Strawbridge WJ et al. Frequent Attendance at religious services and mortality over 28 years. Am J Public Health 1997; 87: 957–61.
30. Strawbridge WJ et al. Religious attendance increases survival by improving and maintaining good health behaviors, mental health, and social relationships. Soc Behav Med 2001; 23: 68–74.
31. Voland E, Soeling C. Die biologische Basis der Religiosität in Instinkten – Beiträge zu einer evolutionären Religionstheorie. In: Lüke U, Schnakenberg J, Souvignier G (Hrsg). Darwin und Gott. Darmstadt: Wissenschaftliche Buchgesellschaft 2004.
32. Watson JD. DNA. The Secret Life. New York: Alfred A. Knop 2003.
33. Wilson DS. Human groups as units of selection. Science 1997; 276: 1816–7.
34. Wilson EO. Biologie als Schicksal. Die soziobiologischen Grundlagen menschlichen Verhaltens. Frankfurt: Ullstein 1980.

Bedingungen von Kooperation

Transkulturelle Untersuchungen zu mikroökonomischen Entscheidungssituationen

Entscheidungen gehören zum grundlegenden Inventar menschlichen Verhaltens. Wir haben dauernd zu entscheiden, ob Rot-Grün oder Schwarz-Gelb, Wurst- oder Käsebrot, Kinder oder keine, mit Lotti oder mit Claudia. Viele dieser Entscheidungen betreffen nicht nur individuelle Vorlieben, sondern Aspekte des Lebens in der Gemeinschaft (13, 14, 15). Soll ich dem Gegenüber vertrauen oder nicht, mit ihm teilen oder nicht, ihm helfen oder mich lieber zunächst um mich selbst kümmern?

Seit etwa drei Jahrzehnten haben sich Ökonomen in die Beantwortungsversuche dieser Fragen eingemischt. Gary Becker bekam 1992 den Nobelpreis für Ökonomie für seine weit reichenden Überlegungen zum menschlichen Verhalten (2). Und seit den Experimenten des Kölner Ökonomen Güth (7) machen die Ökonomen letztlich die Hausaufgaben der Sozialpsychologen: Man führt Experimente zu sozialen Interaktionen durch, die sehr auf das Wesentliche reduziert, damit aber auch sehr gut kontrollierbar sind. Diese Form der experimentellen Mikroökonomie hat in den letzten Jahren zu äußerst interessanten Ergebnissen geführt und nicht zuletzt gezeigt, dass das auf Adam Smith zurückgehende in der Ökonomie vorherrschende Bild des Menschen vom *Homo oeconomicus* als rationalem Egoisten nicht zutrifft.

Betrachten wir ein Beispiel: Beim Ultimatum-Spiel mit zwei Spielern wird eine bestimmte Menge Geld – z. B. 10 Euro – verteilt. Spieler 1 entscheidet, wie es verteilt wird, und Spieler 2 kann diesen Vorschlag akzeptieren oder nicht. Akzeptiert er ihn, dann wird das Geld genau so geteilt, wie Spieler 1 vorgeschlagen hat; akzeptiert er nicht, bekommt keiner etwas. Gemäß der ökonomischen Theorie sollte Spieler 1 vorschlagen, dass er selbst 9,99 Euro bekommt und Spieler 2 einen Cent. Spieler 2 sollte sich über einen geschenkten Cent freuen (immerhin besser als nichts) und das Angebot akzeptieren.

So weit die Theorie, formuliert beispielsweise durch den Wirtschaftswissenschaftler Rubinstein, der jedoch seinen Artikel hierüber damit beginnt, dass er sagt, seine Analyse der Dinge setze voraus, dass sich beide Spieler vollkommen rational verhalten. Offenbar war auch ihm irgendwie klar, dass wirkliche Menschen in diesem Spiel ganz anders reagieren.

Dies zeigte sich anhand der Ergebnisse von Güth und Mitarbeitern sehr deutlich: In ihrem ersten Experiment teilten sie 42 Kölner Studenten der Volkswirtschaft in zwei Gruppen zu 21 je Spielern auf, die jeweils den Part des Spielers 1 bzw. 2 zu spielen hatten. Man spielte um einen variablen Betrag von vier bis zehn DM, der jeweils zu verteilen war. Es zeigte sich, dass der Mittelwert der Angebote 37 % des zu verteilenden Betrags ausmachte und dass ein Drittel der Studenten (die größte Gruppe) den Betrag je zur Hälfte aufteilte (was von den Spielern 2 jeweils akzeptiert wurde).

Eine Woche später wurde das Spiel von den gleichen Personen noch einmal gespielt.

Die Studenten hatten also Zeit gehabt, über das Spiel nachzudenken, änderten ihr Verhalten aber kaum: Der Mittelwert der Angebote betrug 32 % des zu verteilenden Betrags. Dieses Verhalten lässt nur den Schluss zu, dass Menschen entweder nicht rational sind oder dass sie mehr als nur finanziellen Vorteil in ihre Überlegungen einbeziehen (auf Wirtschaftsdeutsch: dass ihre Nutzenfunktion nichtmonetäre Argumente ausweist). Kurz: Ganz offensichtlich geht es den Spielern um mehr als nur um Geld.

Um die Motive für das tatsächliche Verhalten der Spieler aufzuklären, wurden weitere Experimente durchgeführt. Wenn das Spiel beispielsweise zweimal gespielt wird und die Personen jeweils einmal in die Rollen von Spieler 1 und 2 schlüpfen, werden die Angebote gerechter: Im Experiment von Güth und Mitarbeitern (7) an 37 Studenten betrug das Durchschnittsangebot 45 % des zu verteilenden Betrages. In der Rolle des Spielers 1 sind es also Gedanken an die mögliche Ablehnung durch Spieler 2, die den Menschen zu einem fairen Angebot verleiten. Dies ist jedoch nicht das einzige Motiv für Fairness, wie ein weiteres Experiment zeigte, in dem Spieler 2 das Angebot von Spieler 1 nicht ablehnen konnte. Selbst unter diesen Bedingungen teilte die Mehrheit der Spieler 1 den Betrag fünfzig zu fünfzig auf (10), was sich nicht mit Angst vor Konsequenzen, sondern nur mit einer Abneigung gegenüber ungleicher Behandlung bzw. einer *Vorliebe für Fairness* erklären lässt.

Dass die Abneigung gegenüber ungleicher Behandlung kein Ausdruck nachkapitalistischer Produktionsverhältnisse ist, wird durch die Beobachtung nahe gelegt, dass man diese Abneigung auch bei Kapuzineraffen (Cebus apella) findet (3). Man brachte zunächst den Affen bei, eine Plastikmünze gegen eine Gurke eintauschen zu können. Sie lernten also, mit dem „Geld" Gurken zu „kaufen" und taten dies dann auch. Sie hörten allerdings damit auf, wenn sie sahen, wie ein anderer Affe für das gleiche Geld Weintrauben kaufen konnte. Dies lag nicht daran, dass den Affen beim Anblick dieser für sie wohlschmeckenderen Früchte einfach nur das Wasser im Munde zusammenlief und sie keine Lust mehr auf Gurken hatten, wie Kontrollexperimente (die Affen kauften Gurken, während Weintrauben einfach nur auf dem Tisch lagen) ergaben. Es schien vielmehr so zu sein, dass sie sich verschaukelt fühlen, wenn ein anderer Affe ein besseres Geschäft macht: „*They respond negatively to previously acceptable rewards if a partner gets a better deal*", wie die Autoren formulieren (3).

Zurück zum Menschen: Auch wenn man das Spiel oft spielte und die Geldmenge vergrößerte, änderten sich die Ergebnisse nur wenig. Lisa Cameron (5) spielte das Ultimatum-Spiel in Indonesien, was es ihr ermöglichte, jeweils um drei Monatslöhne (!) zu spielen. Hierbei ergab sich keineswegs, dass die Beteiligten nun egoistischer reagierten, als wenn es nur um einen kleinen Betrag ging. Das Gegenteil war vielmehr der Fall: Die Spieler 1 bewegten sich weg von der ökonomischen Theorie und hin zu einer gleichen Aufteilung. Zu ähnlichen Ergebnissen waren zuvor bereits Fehr und Tougareva (6, zit. nach 9) in Moskau gekommen, bei denen es jeweils um 2 bis 3 Monatslöhne ging und nicht, wie bei den Studenten, um den Lohn für ein bis zwei Stunden Arbeit.

Man könnte nun dennoch einwenden, dass es sich bei diesen Spielen um nichts weiter als eben Spiele handelt und diese daher im Hinblick auf das wirkliche Leben wenig aussagen. Dem ist mit Camerer und Fehr (4) entgegenzuhalten, dass es sich bei den Spielsituationen um reale Situationen handelt, die zwar holzschnittartig auf das

Wesentliche reduziert sind, aber gerade durch diese Vereinfachungen auch klare Aussagen erlauben.

„Spiele drücken vagen und verschwommenen Begriffen eine klare Struktur auf", betonen Camerer und Fehr (4, S. 85, Übersetzung durch den Autor) zu Recht und führen folgendes Beispiel an: Sozialwissenschaftler erfragen Verhaltensdispositionen mittels Fragebögen (*„Bitte kreuzen Sie auf der Skala von 1 bis 7 an, wie sehr Sie, ganz allgemein, dazu neigen, anderen Menschen zu vertrauen"*), wohingegen experimentell arbeitende Ökonomen die Frage anders stellen, etwa wie folgt: *„Welchen Anteil von 10 Dollar würden Sie in einen Umschlag stecken, in dem Wissen, dass der Betrag verdreifacht würde und einer anderen Person zuflösse, die dann soviel sie mag für sich behalten und den Rest Ihnen zurückgeben kann?"* (4, S. 85, Übersetzung durch den Autor; vgl. auch 12, 16).

Man kann diese Spiele durchaus mit Komplexität anreichern. Sie liefern dann wirtschaftlich sehr interessante Ergebnisse, wie das folgende Experiment zeigt. Zwei Gruppen von Versuchspersonen wurden mit zwei Versionen (in runden bzw. eckigen Klammern beschrieben) einer Situation konfrontiert, die letztlich der des Spielers 2 im Ultimatum-Spiel gleicht:

„Es ist ein heißer Tag, Sie liegen am Strand und haben nur Wasser zum Trinken dabei. Seit mindestens einer Stunde denken Sie darüber nach, wie schön es wäre, wenn Sie jetzt eine Flasche eisgekühltes Bier Ihrer Lieblingsmarke trinken könnten. Da erhebt sich ein Freund von Ihnen, um zu telefonieren und bietet an, Ihnen ein Bier mitzubringen. Hierzu gibt es nur die eine Möglichkeit, es (im Luxushotel) [in einem kleinen heruntergekommenen Lebensmittelladen] um die Ecke zu besorgen. Ihr Freund meint, dass das Bier teuer sein könnte, und fragt Sie, wie viel er höchstens dafür ausgeben soll. Ist es teurer als der von Ihnen genannte Preis, bringt er kein Bier mit. Sie vertrauen Ihrem Freund und haben keine Möglichkeit, mit dem Bierverkäufer zu verhandeln. Welchen Preis nennen Sie Ihrem Freund?" (17).

Wie sich in diesem kontextuell angereicherten Ultimatum-Spiel zeigte, war der angegebene akzeptierte Höchstpreis abhängig vom Laden: Beim Luxushotel wurde ein Preis von \$2,65 genannt, beim Lebensmittelladen jedoch nur \$1,50. Ganz offensichtlich mögen es Menschen nicht, wenn sie übers Ohr gehauen werden. Ein Luxushotel mit all seinen Kosten darf daher mehr verlangen als ein heruntergekommener Lebensmittelladen. Anders ausgedrückt: Einen Preis, den man im Tante-Emma-Laden als unverhältnismäßig empfindet, wird man beim Luxushotel akzeptieren.

Verhalten sich alle Menschen beim Ultimatum-Spiel gleich? – Zunächst schien es so: International vergleichende Studien zu mikroökonomischen Entscheidungssituationen an Studenten zeigten erstaunliche Übereinstimmungen zwischen den Ergebnissen in den USA, Deutschland, Slowenien oder Japan (11). Dann wurde 1996 jedoch eine Ausnahme beim Stamm der Machiguenga im Amazonas-Gebiet (Peru) gefunden, dessen Mitglieder weitaus weniger geneigt waren, beim Ultimatum-Spiel zu teilen (8). Angestoßen durch diese Entdeckung organisierte eine kleine Gruppe experimenteller Ökonomen ein Treffen sowie ein Forschungsprojekt mit Anthropologen und Psychologen (insgesamt 12 Wissenschaftler), was zu Experimenten mit dem Ultimatum-Spiel an 15 Volksgruppen in 12 Ländern auf vier Kontinenten führte. Die Ergebnisse liegen mittlerweile in Buchform vor (8) und können wie folgt zusammengefasst werden:

1) In keiner der untersuchten Gesellschaften wurde ein Verhalten gefunden, das mit dem Modell des *Homo oeconomicus* als rationalem Egoisten übereinstimmt.

2) Man fand eine deutlich größere Variationsbreite des Verhaltens zwischen den untersuchten Gruppen als innerhalb der Gruppen. Während die meisten Studenten (Modalwert) aus westlichen Industrienationen eine 50-zu-50-Aufteilung anbieten und der Mittelwert der Angebote je nach Studie zwischen 43 % und 48 % lag, beliefen sich die Mittelwerte bei den untersuchten Gesellschaften zwischen Angeboten von 26 % bis zu 58 %. Auch im Hinblick auf die Ablehnung gab es große Unterschiede zwischen den Gruppen: Während in manchen Gesellschaften Ablehnungen (selbst bei kleinen Offerten) fast nie vorkamen, wurden in anderen sogar Angebote von mehr als 50 % häufig abgelehnt!

3) Die Unterschiede im Verhalten sowohl innerhalb der Gruppen als auch zwischen den Gruppen lassen sich nicht auf individuelle demographische (Alter, Geschlecht) oder sozioökonomische (sozialer Rang, relativer Reichtum bzw. relative Armut) Faktoren zurückführen.

4) Die Unterschiede zwischen den Gruppen lassen sich auf zwei von fünf untersuchten Variablen zurückführen, welche die Gesellschaftsform beschreiben. Diese Variablen wurden aufwändig gemessen und betreffen
   a) die Integration des Marktes (wie oft kaufen und verkaufen die Menschen irgendetwas; wie oft arbeiten sie für Lohn?),
   b) die Kooperation bei der Produktion (kollektive versus individuelle Produktion),
   c) die Anonymität,
   d) die Privatsphäre und
   e) die Komplexität der Gesellschaften.

   Von diesen fünf Variablen erklärten die ersten beiden etwa 50 % der Varianz der Unterschiede, wohingegen die anderen keine signifikanten Effekte hatten. Mit anderen Worten: Dort, wo der Markt integriert ist und man gemeinsam produziert, ist man eher geneigt, beim Ultimatum-Spiel gerechter zu teilen; und man ist auch eher geneigt, denjenigen, der kein faires Angebot macht, dafür zu bestrafen.

5) Ganz allgemein zeigte sich letztlich noch, dass das Verhalten im Ultimatum-Spiel die wirtschaftlichen Gegebenheiten des täglichen Lebens widerspiegelte. Hierzu seien ein paar Beispiele genannt:

   Bei den Sammlerstämmen der Au und Gnau auf Neu-Guinea war ein großzügiges Angebot von mehr als 50 % sehr häufig, das (zur Überraschung der Wissenschaftler) in über der Hälfte der Fälle abgelehnt wurde! Bedenkt man jedoch, dass es in diesen Stämmen üblich ist, sich sozialen Rang und die Loyalität von Stammesmitgliedern durch großzügige Geschenke gleichsam einzukaufen, wird das Verhalten verständlich: Die Großzügigkeit entpuppt sich als Unterwerfungsversuch und deren Ablehnung als die Zurückweisung von Unterwerfung.

   Beim indonesischen Walfängerstamm der Lamalera wurde im Durchschnitt auch mehr als die Hälfte gegeben. Die Angebote wurden angenommen. Dem entspricht die Wirklichkeit des Verteilens eines gemeinsam erbeuteten Wals unter allen Mitgliedern der Gemeinschaft. Auch die Mitglieder des peruanischen Stammes der Aché machten großzügige Offerten, die nicht zurückgewiesen wurden. Dort wird

13

traditionell die Jagdbeute unter allen Stammesmitgliedern aufgeteilt. Die südamerikanischen Stämme der Machiguenga und der Tsimané machten beim Ultimatum-Spiel hingegen geringe Angebote, die dennoch praktisch nie abgelehnt wurden. In diesen Stämmen gibt es wenig Kooperation, man kümmert sich im Wesentlichen um die Familie und um sonst kaum jemanden. Von Fremden nimmt man, was man kriegen kann.

Insgesamt zeigt sich damit, dass Verhaltensweisen in mikroökonomischen Austauschsituationen durch die „wirtschaftliche Kultur", das heißt die Art, wie man bei der Produktion und beim Austausch von Waren miteinander umgeht, bedingt sind. Diese werden ganz offensichtlich über entsprechendes Handeln gelernt und damit tradiert. Mit Karl Marx könnte man durchaus sagen, dass im Hinblick auf diese Verhaltensweisen das Sein das Bewusstsein prägt, das heißt dass die Lebensverhältnisse und damit die gelebte Wirklichkeit die sich im Ultimatum-Spiel zeigenden Werte beeinflussen. Man kann es mit Barber (1) auch wie folgt ausdrücken: Wir können von Kindern nicht erwarten, dass aus ihnen Athleten werden, wenn sie nie Sport treiben. Ebenso wenig können wir von ihnen pro-soziales Verhalten erwarten, wenn sie keine Gelegenheit haben, es einzuüben. Es ist an uns, für die Randbedingungen zu sorgen, dass dies möglich ist.

Literatur

1. Barber N. Kindness in a cruel world. The evolution of altruissm. Amherst, NY: Prometheus Books 2005.
2. Becker GS. The economic approach to human behavior. Chicago: The University of Chicago Press 1976.
3. Brosnan SF, de Waal FBM. Monkeys reject unequal pay. Nature 2003; 425: 297–9.
4. Camerer CF, Fehr E. Measuring social norms and preferences using experimental games: a guide for social norms. In: Heinrich J, Boyd R, Bowles S, Camerer C, Fehr E, Gintis H (Hrsg). Foundations of human sociality. Economic experiments and ethnographic evidence from fifteen small-scale societies. Oxford, UK: Oxford University Press 2004; S. 55–95.
5. Cameron L. Raising stakes in the ultimatum game: Experimental evidence from indonesia. Econ Inq 1999; 37: 47–59.
6. Fehr E, Gächter S. Altruistic punishment in humans. Nature 2002; 415: 137–40.
7. Güth W, Schmittberger R, Schwarze B. An experimental analysis of ultimatum bargaining. J Econ Behav Organ 1982; 3: 367–88.
8. Heinrich J, Boyd R, Bowles S, Camerer C, Fehr E, Gintis H (Hrsg). Foundations of human sociality. Economic experiments and ethnographic evidence from fifteen small-scale societies. Oxford, UK: Oxford University Press 2004.
9. Heinrich J, Smith N. Comparative experimental evidence from Machiguenga, Mapuche, Huinca, and American populations. In: Heinrich J, Boyd R, Bowles S, Camerer C, Fehr E, Gintis H (Hrsg). Foundations of human sociality. Economic experiments and ethnographic evidence from fifteen small-scale societies. Oxford, UK: Oxford University Press 2004; S. 125–67.
10. Kahneman D, Knetsch JL, Thaler R. Fairness as a constraint on profit seeking: Experiments in the market. Am Econ Rev 1986; 76: 728–41.

11. Roth AE. Bargaining experiments. In: Kagel JH, Roth AE (Hrsg). The Handbook of experimental economics. Princeton University Press 1995; S. 253ff.
12. Spitzer M. Vertrauen versus Sanktionen. Nervenheilkunde 2003; 22: 165–7.
13. Spitzer M. Neuroökonomie. Nervenheilkunde 2004; 23: 325–7.
14. Spitzer M. Soziale Neurowissenschaft. Nervenheilkunde 2004; 23: 1–4.
15. Spitzer M. Rache ist süß. Nervenheilkunde 2004; 23: 549–50.
16. Spitzer M. Vertrauen schnuppern. Nervenheilkunde 2005; 24: 522–3.
17. Thaler RH. Anomalies: The Ultimatum Game. J Econ Perspect 1988; 2: 195–206.

Angst und Untergang –
Neurowissenschaft und Kulturkritik

Anfang 2005 erschien ein viel beachtetes Buch des Ornithologen und Geographen Jared Diamond mit dem Titel *Collapse*, in dem es um die Fragen geht, wie ganze Gesellschaften ihren eigenen Niedergang mehr oder weniger mutwillig herbeiführen und was wir – als globale Gemeinschaft der Erdbewohner – daraus vielleicht lernen können (2). Für sein 1997 erschienenes Buch *Guns, Germs and Steel* (3, dt.: *Arm und Reich*) hatte Diamond den Pulitzer-Preis gewonnen, was den einschlägigen Medien Grund genug war, sich mit dem Buch detailliert auseinander zu setzen (4, 7). Das in *Collapse* diskutierte drastischste Beispiel eines gesellschaftlichen Untergangs betrifft die Oster-insel. Es sollte uns allen zu denken geben.

Bohrt man hierzulande ein Loch in Richtung Erdmittelpunkt und darüber hinaus und schaut man sich dann auf der anderen Seite etwas um, so befindet man sich irgendwo im Pazifik in der Nähe der Osterinsel (Abb. 1). Jeder kennt sie: Eine kleine, baumlose Insel, auf der sich Hunderte eigenartig aussehender Steinstatuen befinden, die in der Fachwelt unter dem Namen *Moai* bekannt sind. Mit einer durchschnittlichen Größe

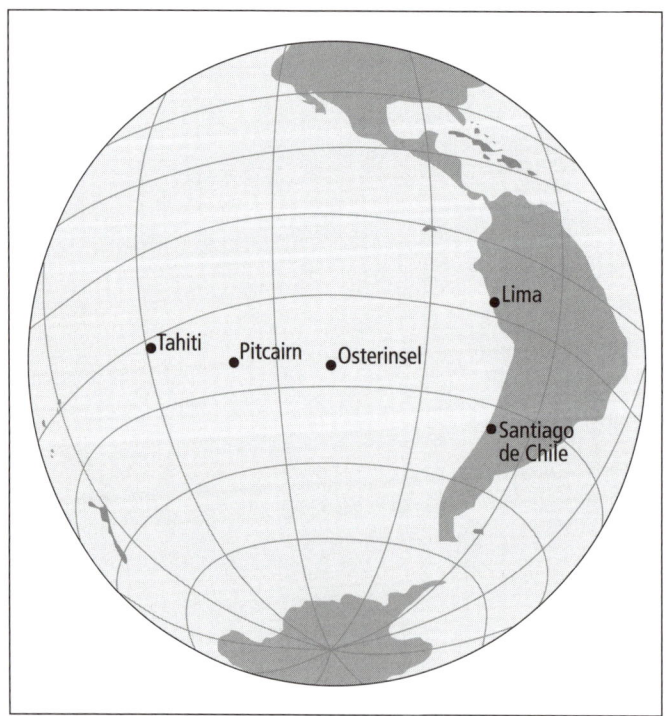

Abb. 1 Geographische Lage der Osterinsel, deren Name darauf zurückgeht, dass sie am Ostersonntag, dem 5. April 1722, von Jakob Roggeveen, einem holländischen Seefahrer, entdeckt wurde.

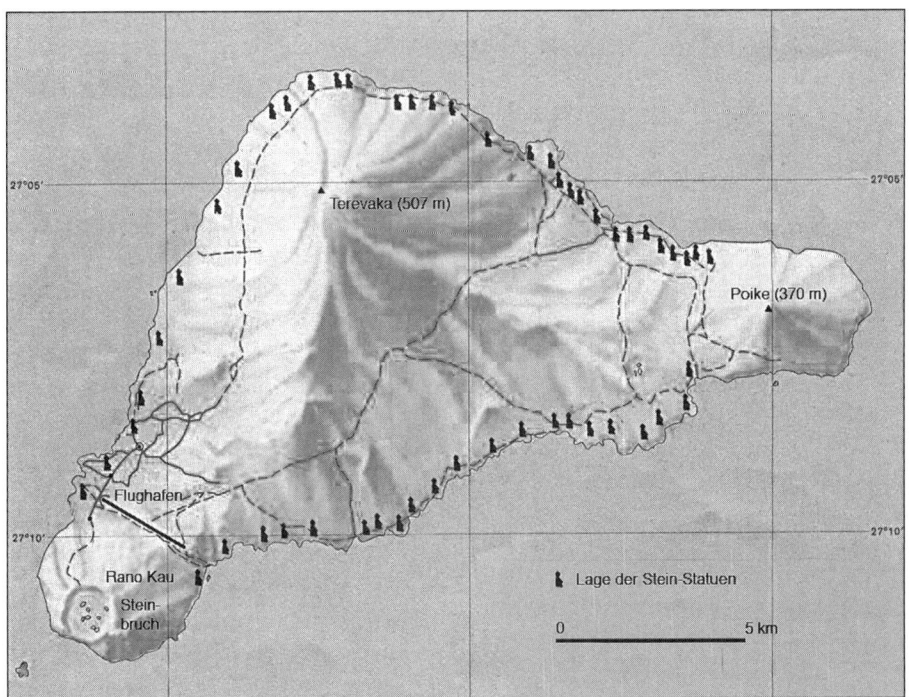

Abb. 2 Karte der Osterinsel, die mit einer Länge (links unten nach rechts oben) von etwa 20 km und einer Breite (rechts in der Mitte bis links oben) von 9 km eine Fläche von insgesamt 162,5 Quadratkilometern ausmacht. Die Aufstellungsorte der Moais im Bereich nahezu der gesamten Küste sind durch ein entsprechendes Symbol gekennzeichnet.

von etwa 4 m und einem Durchschnittsgewicht von 10 t handelt es sich hier um beachtliche, aus vulkanischem Tuffgestein mittels Steinwerkzeugen herausgehauene Objekte mit ganz offensichtlich kultischer Bedeutung: Warum hätten die Bewohner der Osterinsel sonst so viel Energie auf die Herstellung, den Transport und die Aufstellung dieser Statuen verwandt (Abb. 2)?

Die *Moais* wurden alle in einem Steinbruch hergestellt, der im Kratergebiet des *Rano Kao*, einem der drei erloschenen Vulkane, welche die Osterinsel letztlich ausmachen, gelegen ist. In diesem Steinbruch findet man heute noch 397 unfertige Standbilder sowie fertiggestellte Standbilder, die aber nicht mehr an ihren Bestimmungsort transportiert wurden. Die Statuen befinden sich auf der gesamten Insel. Sie stehen jeweils im Küstenbereich mit dem Rücken zum Meer, ins Landesinnere schauend (Abb. 3).

Die Statuen berühren auch den heutigen Betrachter und hinterlassen ein eigenartiges, unheimliches Gefühl. Die größte, nicht mehr fertig gewordene Statue am Steinbruch ist 21 m lang und wiegt etwa 270 t. Die größte aufgestellte Figur ist 10 m hoch. Viele wurden sogar noch mit einer Art zylinderförmigen Mütze aus rotem Stein versehen. Wie konnten die unter Steinzeitbedingungen lebenden Osterinsulaner diese Statuen transportieren und aufstellen? Bekanntermaßen hat dieses Problem der schweizeri-

Abb. 3 Steinstatuen (Moais), wie man sie auf der Osterinsel in großer Zahl findet (für die Überlassung der Fotografie wie auch der Fotografien in den Abbildungen 6 und 7b bedanke ich mich herzlich bei Frau Conny Martin, Rapa Nui-Travell, Chile).

sche Schriftsteller Erich von Däniken in den 70er-Jahren mit der Behauptung zu lösen versucht, außerirdische Wesen hätten mitgeholfen, da Steinzeitmenschen unmöglich Derartiges hätten leisten können. Der norwegische Anthropologe Thor Heyerdahl, bekannt durch seine Fahrt mit dem steinzeitlichen Flos *Kon-Tiki* von Chile zur Osterinsel, hatte jedoch schon in den 50er-Jahren experimentell nachgewiesen, dass die Osterinsulaner mit ihren Steinwerkzeugen aus Obsidian, mit Seilen aus Baumrinde und mit Schienen und Schlitten aus den Baumstämmen von Palmen durchaus in der Lage waren, die Statuen zu produzieren, zu transportieren und aufzustellen. Warum aber geschah dies alles? Wie alt sind die Statuen? Woher kamen die vielen Menschen zum Bau und Transport, woher die Ressourcen, das Holz und die Seile aus Rinde angesichts der baumlosen Insel?

Wann genau die Osterinsel zum ersten Mal von Menschen besiedelt wurde, ist nicht geklärt und wird möglicherweise nie genau aufgeklärt werden können, da es hierzu keine Aufzeichnungen gibt. Aus den archäologischen Funden sowie mittels genetischen Analysen der polynesischen Bevölkerung (vgl. 9) lässt sich jedoch rekonstruieren, dass die Osterinsel nicht, wie von Thor Heyerdahl behauptet, von Südamerika aus, sondern wie der Rest von Polynesien auch durch eine schrittweise Besiedlung der Insel von Westen her erfolgte. Man hatte damals große Kanus, die mit einem Ausleger versehen und damit auch hochseetauglich waren (vgl. Abb. 4).

Die Besiedelung Polynesiens begann etwa 1200 v. Chr. Damals gab es bereits Menschen in Australien, Neu-Guinea und auf einigen Inseln östlich davon (die Bismarck- und die Solomon-Inseln). Dann begann das „Insel-hopping" nach Osten, zu den neukaledonischen Inseln, den Fiji-Inseln, anschließend den Cook-Inseln, den Gesellschaftsinseln, den Markesen und den Pitcairn-Inseln (Abb. 5). Man fragt sich noch heute, was die Polynesier dazu getrieben haben mag, Kanus zu besteigen und ins Ungewisse zu fahren, um nach Wochen in ein- bis zweitausend Kilometer Entfernung vielleicht auf eine Insel von einigen Kilometer Durchmesser zu treffen. Aus der Tatsache, dass zwischen den Inseln Handel bestand (mit jeweils den Dingen, die es auf der einen Insel nicht gab, auf der anderen jedoch in Massen, und umgekehrt), wird geschlossen, dass die Polynesier gut navigieren konnten. Denn selbst wenn die Detektionsgröße einer Insel durch die Anwesenheit von Seevögeln größer ist als ihre tatsächliche Größe, stellt es eine enorme Leistung dar, mit einem Kanu über 2000 km Ozean

Abb. 4 Hochseetaugliches Kanu (Canberbury Museum, Christchurch, Neuseeland) mit links zu erkennendem Ausleger. Mit hochseetauglichen und dennoch recht fragil erscheinenden Vehikeln erfolgte die Besiedlung Polynesiens (Foto des Autors).

eine Insel anzusteuern und zu treffen, deren virtueller (Seevogel-Sichtbarkeits-) Durchmesser bei maximal 300 km liegt.

Neuesten Untersuchungen zufolge (5) erreichten um ca. 1200 n. Chr. die ersten Menschen die Insel. Die Zahl der Bewohner dürfte zu den besten Zeiten (um 1200 bis 1400 n. Chr.) auf ca. 20 000 angestiegen sein. Man betrieb Ackerbau, lebte vom Hochseefischen (Korallen und Riffe gab es nicht) und einheimischen Vogelarten sowie von den mitgebrachten Hühnern und (leider auch) Ratten. In dieser Zeit gab es Ackerbau bis hinauf auf die gerodeten Hügel. Man holte aus der Insel heraus, was he-

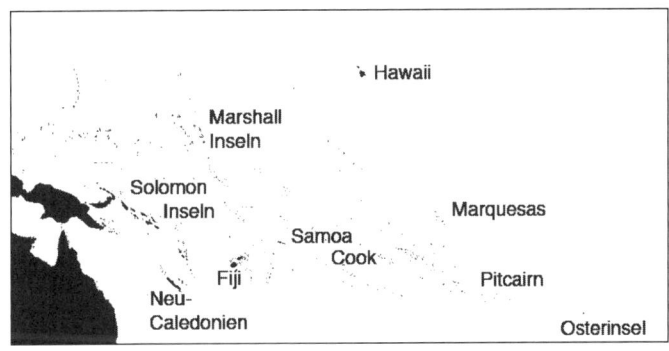

Abb. 5 Inselwelt im Südpazifik. Es ist erstaunlich, wie klein die Landmassen im Vergleich zum umgebenden Ozean sind.

19

Abb. 6 Steinstatuen (Moais) am Rande des Rano-Kao-Kraters.

rauszuholen war. Sämtliche Landvogelarten wurden aufgegessen, bis sie – wie auf Neuseeland auch – durch die polynesische Besiedlung innerhalb weniger Jahrhunderte ausgerottet waren.

Im Hinblick auf die soziale Ordnung gab es wie auch auf anderen Inseln Polynesiens Clans, die jeweils eine schmale „Schnitte" des „Inselkuchens" besaßen. Der Chef lebte in einem großen Haus in der Nähe der Küste, die Untertanen zwischen Küste und den Hügeln im Landesinneren. Die Chefs der Clans kontrollierten auch den Anbau auf den Hügeln und konnten auf diese Weise deutlich mehr Nahrungsmittel produzieren, als für den Unterhalt der Menschen eigentlich gebraucht wurden.

So erklärt sich letztlich die Entstehung der *Moais*. Irgendwann muss einer damit begonnen haben, eine Steinstatue aus dem weichen vulkanischen Stein des *Rano-Kao-* Kraters zu hauen (Abb. 6). Dies dauerte zwar seine Zeit, problematisch waren jedoch vor allem der Transport und das Aufstellen der Statuen auf großen Steinplattformen (*Ahu* genannt), die ebenfalls eigens hierfür gebaut wurden. Für den Transport einer Durchschnittsstatue wurden 50 bis 70 Menschen benötigt, zum Aufstellen mindestens ebenso viele.

Untersuchungen ergaben, dass in der Blütezeit der Osterinsel bis zu 25 % ihrer Nahrungsmittelproduktion letztlich zur Produktion, zum Transport und zum Aufstellen der Steinstatuen verwendet wurden. Es handelte sich bei deren Bau also um Luxus (oder wirtschaftliche Abschöpfung, wie man heute sagen würde) im wahrsten Sinne des Wortes. Kein Mensch braucht riesige Steinstatuen. Aber sie wurden gebaut und aufgestellt. Immer mehr und vor allem immer größere Statuen mussten offenbar die Eitelkeit der Clan-Chefs befriedigen.

Lange konnte das nicht gut gehen, vor allem deswegen nicht, weil auf der Osterinsel ein heftiger Wind bläst. Der sorgte dafür, dass dort, wo jetzt aufgrund der Einwirkung des Menschen keine Bäume mehr standen, die Bodenerosion ab etwa 1300 n. Chr. immer deutlicher wurde. Dadurch nahm die Produktivität der Landwirtschaft wieder ab, wahrscheinlich zunächst unmerklich und dann immer deutlicher. Die Insulaner verhielten sich so, wie es die Menschen oft machen, wenn etwas schief geht: Man schiebt die schlechten Ernten auf den Nachbarn oder das Wetter oder auf böse Geister, also auf Umstände, die man vielleicht durch weitere (und größere) Statuen in den Griff bekommen könnte. Anstatt also zu überlegen, was angesichts des Raubbaus mit der Natur, der schwindenden Fläche für die Landwirtschaft und dem abnehmenden Baumbestand zu unternehmen sei, wurde weitergemacht wie gewohnt, wurden noch größere Statuen gebaut und noch mehr Bäume abgeholzt (zum Landgewinn und für den Transport der Statuen).

Es kam, wie es kommen musste: Die Nahrungsmittel wurden knapp und die Insel konnte ihre Bevölkerung nicht mehr ernähren. Dies führte nicht nur zu kriegerischen

Auseinandersetzungen zwischen den Clans, zuletzt sogar zum Kannibalismus (wie an Funden abgenagter Menschenknochen zu erkennen ist), weil das Holz für die Kanus fehlte, um Hochseefische als Eiweißquelle fangen zu können. Der Name „Terevaka" für den höchsten Berg auf der Osterinsel bedeutet in der einheimischen Sprache soviel wie „der Ort, wo man Kanus herbekommt" (3, S. 107). Ab der Mitte des 15. Jahrhunderts war es damit jedoch vorbei: Auch der letzte Baum war gefällt. Die Statuen wurden umgerissen, wobei sie nicht selten zu Bruch gingen, und während bei der Entdeckung noch einige aufrecht standen, waren einige Jahrzehnte später sämtliche *Moais* zu Fall gebracht worden, wie aus entsprechenden Aufzeichnungen hervorgeht.

Bei den ersten Kontakten von Vertretern westlicher Zivilisationen wurde deutlich, dass die Osterinsel von nur wenigen Menschen bewohnt war, denen es ganz offensichtlich miserabel ging. Der berühmte Kapitän Cook brachte es 1774 auf den Punkt, als er die Einwohner als „klein, mager, scheu und erbärmlich" beschrieb (zit. nach 3, S. 109). Im Jahr 1872 wurden ganze 111 Einwohner auf der Insel gezählt. Die westliche Welt hatte also mit der Osterinsel Kontakt zu einer Zeit, als deren Niedergang schon recht weit fortgeschritten war.

Die heute auf der Insel zu sehenden aufrecht stehenden *Moais* wurden im 20. Jahrhundert wieder errichtet. Vergegenwärtigt man sich all diese Tatsachen, so drängt sich die Frage auf: Was dachte sich der Osterinsulaner wohl dabei, als er den letzten Baum fällte und damit sein Schicksal und das seiner Landsleute besiegelte? – Wir wissen es nicht, aber die wahrscheinlichste Antwort aus der Sicht der Neurowissenschaft ist: Nichts!

Einen Hinweis hierauf liefert das Cover des ersten 2005 erschienen Hefts der Zeitschrift *Nature* (Abb. 7a). Es zeigt schemenhaft ein aufgerissenes Augenpaar und verweist auf eine Publikation von Adolphs und Mitarbeitern (2005), in der es um den Zusammenhang zwischen dem Erkennen von Angst und dem Mandelkern geht, einer Struktur im Temporallappen, die bei der Verarbeitung von angsterzeugenden Stimuli bekanntermaßen eine wesentliche Rolle spielt und die „Fight-or-flight-Antwort" des Organismus hervorbringt (1, 6). Wie jeder Produzent von Horrorfilmen weiß (und daher auch jeder Betrachter), lassen aufgerissene Augen uns nicht nur die Angst eines anderen erkennen, sondern machen uns auch selber Angst. Diese Erkenntnis wurde 2004 neurobiologisch von Whalen und Mitarbeitern eingeholt, die nachweisen konnten, dass gesunde Versuchspersonen, denen Stimuli gezeigt wurden, die ähnlich wie aufgerissene Augen aussehen, mit einer Aktivierung des Mandelkerns reagierten (10). Wir wissen schließlich auch, dass eine Aktivierung des Mandelkerns nicht nur zur Erhöhung von Puls, Blutdruck und Muskelspannung führt, sondern auch zu einer Veränderung des kognitiven Stils: Wer Angst hat, denkt scharf und eng fokussiert; und das wiederum bedeutet, dass er gerade *nicht* „lateral", weit und offen – mit einem Wort: kreativ – denken kann. Jede Firma, die im Rahmen von Brainstorming-Sitzungen Kreativität freisetzen will, weiß das: Während des Brainstormings ist Kritik verboten, denn sie macht uns Angst (und dann fällt niemandem etwas ein).

Vor diesem Hintergrund erscheint es besonders interessant, dass *„eine der bemerkenswertesten kürzlich gemachten Entdeckungen bezüglich der Steinstatuen [...] in einem nahe einer der Statuen gefundenen Auge bestand, das aus weißer Koralle und einer* *dunklen Pupille aus Stein geformt war"* (3, S. 100; Übersetzung durch den Autor). Wie Diamond weiter erläutert, dienten die tiefen Augenhöhlen der *Moais* ganz offensichtlich zur Aufnahme dieser Augen, was einen Effekt hervorruft, den der Autor als *„penetrating, blinding gaze that is awesome to look at"* (S. 100) beschreibt (Abb. 7b).

Stellen Sie sich das Szenario nun einmal vor: Sie wohnen auf einer kleinen Insel, die mit ca. 9 mal 20 km Größe jedem Bewohner sehr bekannt gewesen sein dürfte. Das ist Ihre Welt; die Bewohner nannten die Insel entsprechend *Rapa Nui*, übersetzt Nabel der Welt. Jenseits des Strandes gibt es – spätestens seit es keine Kanus mehr für die Fischerei und den Handel mit anderen, sehr weit entfernten Inseln gab – nichts als das weite Meer. Diesseits des Strandes stehen die *Moais*; hunderte an der Zahl, die alle mit dem Rücken zum Meer aufgestellt sind, d. h. ins Landesinnere blicken. Und was für ein Blick das ist! Wo auch immer Sie auf der Insel sind: Ein übergroßes Gesicht schaut Sie mit starrem, ins Mark gehenden Blick an.

Man muss nicht sehr viel Phantasie aufwenden, um sich den vorherrschenden emotionalen Zustand der Osterinsulaner vorzustellen! Damit jedoch erhält die Frage, wie diese so dumm sein konnten, sich den ökologischen Ast, auf dem sie saßen, selbst abzusägen, einen völlig neuen Dreh: Es geht beim Untergang dieser Gesellschaft nicht mehr nur um Entwaldung und Bodenerosion, um die Auslöschung sämtlicher einheimischer Vögel und damit um eine Umweltkatastrophe unglaublichen Ausmaßes (im Hinblick auf deren Gründlichkeit und Folgen); es geht vielmehr auch darum, dass eine Kultur durch die Schaffung bestimmter (und immer größerer) Kultobjekte praktisch flächendeckend in den emotionalen Zustand der Bevölkerung eingreift und dadurch Kreativität verhindert.

Wer Angst hat, der kann gewohnte Verhaltensweisen rasch und zuverlässig abspulen, er kann aber nicht über den Tellerrand hinaus denken, kann sich nicht überlegen, was es heißt, diesen letzten Baum hier zu fällen, kann sich die verheerenden Konsequen-

Abb. 7 (a) Titelseite von Heft 1/2005 der Zeitschrift *Nature* (Ausschnitt). (b) Rekonstruierte Steinstatue mit eingesetzten Augen.

zen der vorherrschenden kulturellen Rituale nicht vergegenwärtigen, geschweige denn, sich einen gangbaren Weg aus der Misere auf kreative Weise einfallen lassen.

Diamond schließt sein Buch nach der Analyse weiterer gesellschaftlicher Untergänge in einem vorsichtig optimistischen Ton im Hinblick auf die Erde insgesamt als dem globalen Dorf, in dem wir mittlerweile alle leben. Vor dem Hintergrund dessen, was wir über die Funktionsweise unseres Gehirns wissen und insbesondere darüber, unter welchen Bedingungen uns kreative Lösungen brennender Probleme einfallen (oder eben auch nicht einfallen), kann man sich fragen, ob dieser Optimismus gerechtfertigt ist. Verglichen mit den Osterinsulanern produzieren wir medial weitaus mehr und effektivere Angst verbreitende Kulturprodukte in Form von Horror und Gewalt, und wir begnügen uns nicht damit, diese Produkte auf Schienen an den Strand zu tragen, sondern transportieren sie per Glasfaser oder Satellit in jedes Wohnzimmer, rund um die Uhr (8, s. auch Beitrag „Milliarden für Tötungstrainingssoftware", S. 90 ff.). Vielleicht machen wir deswegen ja auch immer weiter wie gewohnt, trotz 5 Millionen Arbeitslosen und leerer Rentenkassen, trotz einem steigenden Meeresspiegel und schwindenden Rohstoffen und trotz des bereits heute vorliegenden Nachweises, dass wir etwa 4,5 Erden bräuchten (und sie nicht haben), um die jetzt auf der einen Erde lebenden Menschen nachhaltig und ausreichend zu versorgen.

Der Fall der Osterinsel zeigt überdeutlich, dass die mediale Produktion und Verbreitung von Angst kein randständiges kulturelles Phänomen darstellt, sondern uns den Weg aus der beispiellosen Krise, in die wir gerade schlittern, erschwert oder gar verbaut. Eine Kultur der Angst ist langfristig keine gute Strategie für das Überleben. Wir leben alle auf der Osterinsel; und wir haben nur die eine; wir nennen sie Erde.

Literatur

1. Adolphs R, Gosselin F, Buchanan TW, Tranel D, Schyns P, Damasio AR. A mechanism for impaired fear recognition after amygdala damage. Nature 2005; 433: 68–72.
2. Diamond J. Guns, Germs and Steel. New York: Norton 1997 (dt.: Arm und Reich, Fischer Taschenbuch, 2000).
3. Diamond J. Collapse. How societies choose to fail or succeed. Viking 2005.
4. Gladwell M. The vanishing. The New Yorker (3.1.2005) 2005.
5. Hunt TL, Lipo CP. Late colonization of Easter Island. Science online, March 9, 2006. Science DOI: 10.1126/science.1121879.
6. LeDoux JE. The emotional brain: The mysterious underpinnings of emotional life. New York: Touchstone 1998.
7. Rees W. Contemplating the abyss. Nature 2005; 433: 15–6.
8. Spitzer M. Vorsicht Bildschirm. Stuttgart: Klett 2005.
9. Sykes B. The seven daughters of Eve. New York: Norton 2001.
10. Whalen PJ, Kagan J, Cook RG, Davis FC, Kim H, Polis S, McLaren DG, Sommerville LH, McLean AA, Maxwell JS, Johnstone T. Human amygdala responsivity to masked fearful eye whites. Science 2004; 306: 2061.

Epilog: Von der Kulturkritik zur Neurobiologie

In jüngerer Zeit beschäftigt sich die Neurobiologie zunehmend mit Phänomenen wie Bewerten und Entscheiden, Kooperation und Bestrafung, Neugier und Vertrauensbildung, also mit sozialen und kulturellen Sachverhalten. Und obgleich wir erst am Anfang stehen, lässt sich jetzt bereits absehen, dass die Ergebnisse für unser Selbstverständnis, d. h. unser Bild von uns selbst, von wesentlicher Bedeutung sind. Das Beispiel der Osterinsel zeigt, dass wir uns eines nicht leisten können: diese Ergebnisse zu ignorieren.

Wir haben mittlerweile zu der These, dass die Augen der Moais für Angst sorgen, eine kleine fMRT-Studie durchgeführt. Hierzu verwendeten wir zunächst die bekannten Ekman-Gesichter (Abb. 1, 2) und zeigten zum einen „normale" Gesichter (Abb. 1) und zum anderen angstvolle Gesichter, bei denen die Augen weit aufgerissen sind (Abb. 2). Dieser Kontrast ergab erwartungsgemäß eine Aktivierung des Mandelkerns. Er erlaubte uns damit, die ROI (region of interest) festzulegen, in der wir dann beim eigentlich interessanten Kontrast nach Aktivierungsunterschieden suchten: Wir zeigten nämlich nicht nur Gesichter, sondern auch Moais, mit und ohne Augen (Abb. 3, 4). Hierbei ergab sich eine stärkere Aktivierung des Mandelkerns beidseits bei Betrachtung der Moais *mit* Augen (Spitzer 2006; Artikel in Vorbereitung).

Damit wäre zum ersten Mal eine kulturhistorische Hypothese mittels fMRT bestätigt worden. Gewiss, niemand stand daneben, als ein Osterinsulaner den letzten Baum gefällt hat. Aber wir haben nicht nur eine Theorie, sondern auch neurobiologische Indizien, die dafür sprechen, dass er sich nichts oder zumindest nicht viel gedacht hat – dafür hat der aktivierte Mandelkern gesorgt.

Abb. 1 Gesicht mit normalem Ausdruck

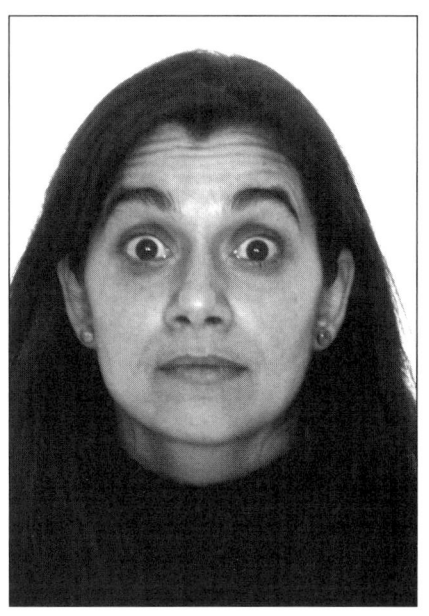

Abb. 2 Gesicht mit aufgerissenen Augen

Abb. 3 Moai ohne Augen

Abb. 4 Moai mit Augen

25

Anlage und Umwelt

Von Krankheiten bis Meinungen

Genetische Einflüsse machen sich früh im Leben bemerkbar, schleifen sich jedoch dann gewissermaßen an der Umwelt ab. Sie zeigen sich ganz besonders bei krankhaften Abweichungen von der Norm, weniger dagegen bei Variationen im Bereich der Normalität, die mehr den Faktoren der Umwelt unterliegen. Und sie zeigen sich stärker bei somatischen Merkmalen eines Menschen, weniger hingegen bei den psychischen: Größe und Haarfarbe eines Menschen sind vererbt, seine Neugier oder seine Schüchternheit hingegen sind Ausdruck seiner Lebensgeschichte, also der Umwelt.

So oder so ähnlich denken die meisten Menschen, Ärzte eingeschlossen (auch und gerade Nervenheilkundler!), über das Zusammenspiel von genetischer Veranlagung einerseits und Umweltfaktoren andererseits. Dennoch sind alle oben genannten Auffassungen falsch. Es lohnt sich also, die Dinge etwas genauer zu betrachten. Man möchte meinen, dass hierzu das *Human Genome Project* und vor allem die moderne Molekulargenetik beigetragen haben. Dem ist jedoch nicht so: Vor allem verhaltensgenetische Studien zu Zwillingen und zur Adoption aus den vergangenen zwei Jahrzehnten haben unser Bild des Zusammenspiels von Anlagen und Umwelt grundlegend verändert. Das Vorgehen der Verhaltensgenetik sei daher kurz erläutert.

Eineiige Zwillinge haben die gleichen Anlagen, zweieiige Zwillinge dagegen haben nur 50% ihrer Anlagen gemeinsam, stehen also genetisch wie ganz normale Geschwister zueinander. Zwillingspaare haben ansonsten eine ähnliche Umgebung, beziehungsweise (und darauf kommt es an) die Variabilität ihrer Umgebung ist im Mittel vergleichbar. Entsprechende Einwände, z. B. dass eineiige Zwillinge eher gleicher behandelt werden als zweieiige, halten der kritischen Überprüfung anhand von Daten nicht stand: Studien an getrennt aufgewachsenen und gemeinsam aufgewachsenen Zwillingspaaren (eineiig versus zweieiig) zeigen im Wesentlichen die gleichen Ergebnisse.

Wenn irgendein Merkmal genetisch mitbedingt ist, sollten sich eineiige Zwillinge im Hinblick auf dieses Merkmal mehr ähneln als zweieiige Zwillinge. Wenn dagegen die Ausprägung eines Merkmals vor allem durch die Umwelt bedingt ist, dann sollten sich eineiige Zwillinge in gleichem Maße voneinander unterscheiden wie zweieiige. Die gesamte Variationsbreite eines Merkmals (z. B. Körpergröße) lässt sich damit ausdrücken als Summe der Variationen (Varianz), die zum einen auf das Konto der Gene (man spricht von Heritabilität) und zum anderen auf das Konto der Umwelt gehen. Normiert man die gesamte Variationsbreite auf 1 (oder, was das Gleiche ist, auf 100%), dann addieren sich die Einflüsse von Erbanlagen (die Heritabilität) und der Umwelt zu 1. Die Einflüsse von Anlage und Umwelt liegen also jeweils zwischen 0 und 100% und addieren sich immer zu 100%.

Die Heritabilität eines Merkmals wird berechnet als mit 2 multiplizierte Differenz zwischen der Korrelation der Ausprägung dieses Merkmals (man spricht auch von der Konkordanz im Hinblick auf dieses Merkmal) bei eineiigen Zwillingen und bei zwei-

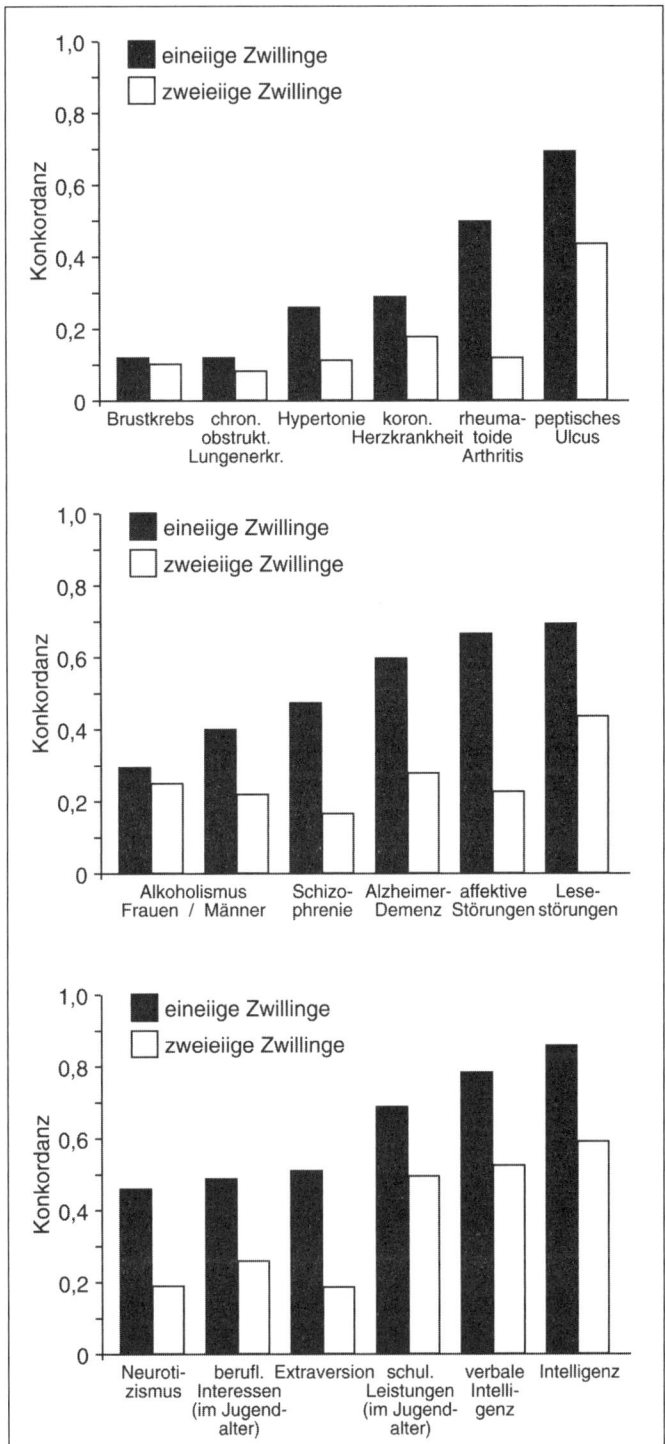

Abb. 1 Heritabilität (nach 4, S. 1734) bei somatischen Krankheiten (oben), psychischen Störungen (Mitte) und Persönlichkeitseigenschaften (unten). Man beachte, dass die Unterschiede zwischen den Konkordanzen bei eineiigen und zweieiigen Zwillingen (und damit die Heritabilität) bei den psychischen Störungen am deutlichsten sind und auch bei den Persönlichkeitseigenschaften noch höher liegen als bei den somatischen Erkrankungen.

eiigen Zwillingen. Warum dies sinnvoll ist, mag ein Beispiel verdeutlichen: Haben die Gene keinerlei Einfluss auf ein Merkmal, dann ist die Korrelation in der Ausprägung des Merkmals nur von der Umwelt bedingt, das heißt die Korrelationen sind bei eineiigen und bei zweieiigen Zwillingen gleich. Die Differenz der Korrelationen ist damit Null und damit auch die Heritabilität. Ist dagegen die Korrelation einer Merkmalsausprägung bei eineiigen Zwillingen gleich 1 und bei zweieiigen Zwillingen gleich 0,5, entspricht sie also der genetischen Verwandtschaft, beträgt die Differenz zwischen beiden Korrelationen 0,5 und die Heritabilität liegt bei 1.

Betrachten wir als Beispiel die Intelligenz: Die Korrelation des IQ liegt bei eineiigen Zwillingen bei etwa 0,85, bei zweieiigen Zwillingen hingegen bei etwa 0,6. Daraus ergibt sich eine Heritabilität der Intelligenz von $2 \times 0,25 = 0,5$ (vgl. Abb. 1). Oder nehmen wir den Schulerfolg, der bei eineiigen Zwillingen mit 0,69 und bei zweieiigen Zwillingen mit 0,5 korreliert (Heritabilität: $2 \times 0,19 = 0,38$).

Im Jahr 1994 veröffentlichten der Genetiker Robert Plomin und seine Mitarbeiter (4) in der Zeitschrift Science eine Studie zur Vererbung von somatischen Erkrankungen einerseits und von psychischen Störungen sowie von Persönlichkeitseigenschaften andererseits. Sie kamen zu dem Ergebnis, dass die Heritabilität bei den „harten", „biologischen" somatischen Krankheiten geringer ist als bei den vermeintlich ganz „weichen", „psychologischen" Verhaltensauffälligkeiten, Persönlichkeitseigenschaften (Abb. 2) beziehungsweise den psychischen Störungen (Abb. 1, S. 27).

Adoptionsstudien können die Ergebnisse von Zwillingsstudien untermauern. Ein Beispiel: Eine Studie an Adoptivkindern aus Korea, die zufällig in die verschiedensten Familien der USA kamen (7), ergab, dass 75 % der Varianz des Bildungsergebnisses (educational attainment) der Kinder den biologischen Eltern und nur 25 % den Adoptiveltern zuzuordnen war.

„Die Idee, dass die Leute mit politischen Voreinstellungen geboren werden, erscheint den meisten weit hergeholt, eigenartig, um nicht zu sagen pervers" bemerken die Politikwissenschaftler John Alford, Carolyn Funk und John Hibbling (1, S. 153) in der Einleitung zu einer Übersicht, die sich der Frage widmet, ob es genetische Einflüsse auf politische Orientierungen gibt und wie stark diese ausgeprägt sind. Sie analysieren hierzu Daten aus zwei großen Zwillingsstudien aus Australien und den USA mit jeweils mehreren Tausend Paaren. Als Teil der Studien wurde jeweils auch ein Fragebogen zur politischen Orientierung verwendet, der in kurzen Worten oder Statements (z. B. „Todesstrafe", „Kapitalismus", „Abtreibung", „Kernkraft") bestand, auf die mit „dafür", „dagegen" oder „ungewiss/weiß nicht" zu reagieren war. In Tabelle 1 sind die Konkordanzraten sowie die daraus berechnete Heritabilität zusammengefasst.

Vergleicht man diese Daten zur Heritabilität aus den USA mit denen der australischen Zwillingsstudie zu ähnlichen oder gleichen politischen Themen, ergeben sich interessante Vergleiche und teilweise erstaunliche Übereinstimmungen (Tab. 2): So liegt die Heritabilität der Meinung zur Abtreibung in den USA bei 0,25 und in Australien bei 0,26, der Sozialismus hingegen scheint in den USA mit einer Heritabilität von 0,35 erblicher zu sein als in Australien (0,14).

Ist das nicht lächerlich? – Keineswegs! Auch die Körpergröße dürfte hier zu Lande beispielsweise erblicher sein als in Japan, wo Änderungen der Ernährungsgewohnheiten

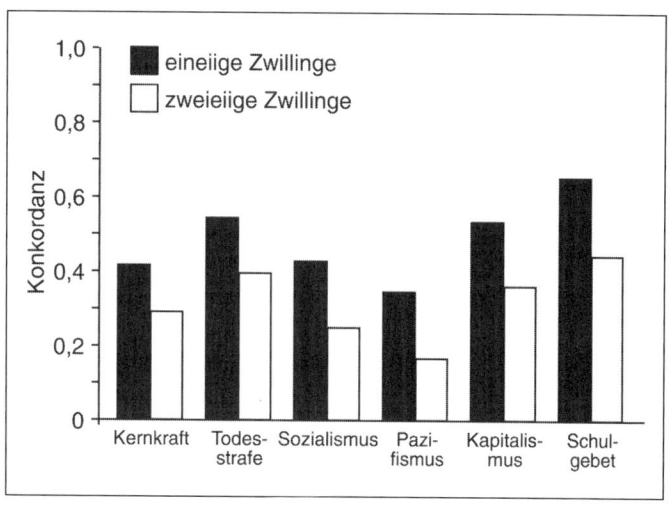

Abb. 2 Heritabilität (nach 1) bei politischen Meinungen.

Tab. 1 Genetischer Einfluss auf politische Meinungen (sämtliche Unterschiede zwischen den eineiigen und zweieiigen Zwillingen sind mindestens mit $p < 0{,}01$ signifikant) aus der US-amerikanischen Zwillingsstudie von Eaves und Mitarbeitern (1989, nach der Auswertung von 1). Die Daten sind wie folgt zu lesen: Geht es um Pazifismus, dann korrelieren die Meinungen dazu bei eineiigen Zwillingen mit 0,34 und bei zweieiigen Zwillingen mit 0,15. Verdoppelt man den Unterschied von 0,19, erhält man die Heritabilität 0,38. In Abbildung 2 sind einige Daten aus Tabelle 1 wiedergegeben, sodass die Werte leicht mit denen in Abbildung 1 verglichen werden können.

Meinung zu	Konkordanz		Heritabilität
	eineiige Zwillinge	zweieiige Zwillinge	
Schulgebet	0,66	0,46	0,41
Grundsteuer	0,47	0,27	0,41
Kapitalismus	0,53	0,34	0,39
Astrologie	0,48	0,28	0,39
Wehrpflicht	0,41	0,21	0,38
Pazifismus	0,34	0,15	0,38
Sozialismus	0,43	0,25	0,36
Entwicklungshilfe	0,41	0,23	0,35
Einwanderung	0,45	0,29	0,33
weibliche Emanzipation	0,46	0,30	0,33
Todesstrafe	0,56	0,40	0,32
„wilde Ehe"	0,67	0,52	0,30
Gay Rights	0,60	0,46	0,28
Kernkraft	0,42	0,29	0,26
Abtreibung	0,64	0,52	0,25
moderne Kunst	0,43	0,30	0,25

Meinung zu	Heritabilität	
	USA	Australien
Astrologie, Horoskope	0,41	0,31
Pazifismus, Abrüstung	0,40	0,37
Sozialismus	0,35	0,14
Einwanderung	0,32	0,07
Todesstrafe	0,31	0,48
Abtreibung	0,25	0,26
moderne Kunst	0,26	0,31

Tab. 2 Heritabilität einiger politischer Auffassungen, wie sie in zwei großen Zwillingsstudien in den USA und Australien ermittelt wurde (nach 1).

in den letzten Jahrzehnten zu einem Anstieg der Durchschnittsgröße um 12 cm geführt haben. Die Ernährung (als Teil der Umwelt) übt dort damit einen erheblichen Einfluss auf die Varianz aus, den sie hier (bei insgesamt guter Ernährung beziehungsweise kaum vorhandener Mangelernährung) nicht hat. Umgekehrt ist der Einfluss der Umwelt auf die Fitness von olympischen Athleten sehr gering, denn sie trainieren alle am Limit, sodass die Unterschiede in den Leistungen letztlich vor allem auf genetische Unterschiede zurückzuführen sind.

Man muss also bei diesen Zahlen bedenken, dass es sich nicht um feste Größen handelt, sondern um Beschreibungen von Zuständen, die das Ergebnis äußerst dynamischer Wechselwirkungen sind.

Betrachten wir noch ein Beispiel (2): Die Korrelation des Körpergewichts bei eineiigen Zwillingen, die zusammen aufgewachsen sind, liegt bei 0,8, die bei zweieiigen Zwillingen bei 0,43. Dies ergibt eine Heritabilität von 0,74. Entsprechend korreliert das Körpergewicht adoptierter Kinder mit dem der Adoptiveltern mit nur 0,04, das Körpergewicht eineiiger Zwillinge, die getrennt voneinander aufgewachsen sind, korreliert jedoch mit 0,72. Hängt das Körpergewicht nur von den Genen ab? Kann man Diät also vergessen? – Natürlich nicht! Es geht hier nicht um die Ursachen des Übergewichts, sondern um die Ursachen von Unterschieden im Körpergewicht bei bestimmten Familien. Mit dem Essen ist es bei uns fast wie mit dem Training olympischer Athleten: Wir essen alle genug, sodass die Unterschiede des Körpergewichts nur noch genetisch bedingt sein können.

Aber Gene machen doch nur Proteine, nicht die Persönlichkeit, wird nun der Skeptiker einwenden. Dem ist entgegenzuhalten, dass erstens ein einziges Genprodukt in der Tat eine bestimmte Persönlichkeitseigenschaft beeinflussen kann (vgl. 8) und dass zweitens unser Wissen über die Funktion der Gene noch sehr begrenzt ist. So bezeichneten die Biologen noch bis vor kurzem den größten Teil des menschlichen Erbguts als „Abfall" (Junk-DNA), wobei sie dies damit rechtfertigten, dass man nicht wisse, wofür diese (keine Proteine kodierende) DNA existiere. Dieses Argument ist nicht nur höchst seltsam („ich weiß nicht, was das ist; also muss es Abfall sein"), sondern stellt sich in jüngster Zeit immer klarer als falsch heraus. Der größte Teil der menschlichen DNA kodiert nichts, ist aber auch kein Abfall, sondern hat regulierende Funktion (3).

So wird verständlich, warum der Anteil der nicht-kodierenden DNA in der Evolution zunahm und beim Menschen sage und schreibe 98,5 % beträgt. Dass man mittlerweile sogar nicht-kodierende DNA in Verbindung zu körperlichen und seelischen Erkrankungen wie Schizophrenie und Autismus gebracht hat, schwächt das Argument, Gene könnten nur Proteine und daher keine Persönlichkeitseigenschaften produzieren, zusätzlich. Die Daten in den Abbildungen und Tabellen sind daher nicht in Stein gemeißelt. Aber in den vergangenen drei Jahrzehnten verhielt es sich in den USA und in Australien so. Dies kann man sagen. Mehr nicht. Aber eben auch nicht weniger!

Gewiss, es gibt einen genetischen Einfluss auf unser Leben und vielleicht sogar auf unsere politischen Meinungen: z. B. über den Umweg der Persönlichkeitsvariablen, die ihrerseits die Rezeptivität für die eine oder andere Idee beeinflussen mögen. Deshalb ist man geneigt zuzugeben, dass dieser Einfluss im Laufe des Lebens abnehmen sollte. Schließlich hat die Umwelt immer mehr Zeit, um sich auszuwirken, und diese Zeit addiert sich. Kurz: Man kann argumentieren, und man hat argumentiert, dass es sich beim Einfluss der Gene gewissermaßen nur um einen „single shot" handele, die Umwelt hingegen den Organismus kumulativ schleife und forme, ein Leben lang.

Auch dieses Argument ist falsch, wie unter anderem aus einer großen Adoptionsstudie des oben bereits erwähnten Verhaltensgenetikers Robert Plomin (5) hervorgeht. Man untersuchte 245 Adoptivkinder und deren Familien sowie 245 Kontrollfamilien. Hierbei zeigte sich eine zunehmende Korrelation des IQ von leiblichen Eltern und Kindern, jedoch nur ein Anfangseffekt bei der Korrelation zwischen Adoptiveltern und adoptierten Kindern, der im Laufe der Zeit gegen Null ging (Abb. 3).

Man kann aus diesen Daten sogar folgern, dass manche der Gene, die für unsere kognitiven Fähigkeiten „zuständig" sind, erst mit der Adoleszenz aktiv werden, sich also erst im späteren Leben auswirken. Weiterhin kann man annehmen, dass – im Gegensatz zur Umwelt – die Gene dauernd einwirken und langfristig dafür sorgen, dass wir uns die Umgebung suchen, auf die die Gene am besten passen. In jedem Fall dürfte die Moral gelten, die der Biologe Matt Ridley (6, S. 266, Übersetzung durch den Autor) in seinem Buch *Nature via Nurture* gegen Ende nennt: *„Je besser wir unsere Gene und unsere Neigungen verstehen, desto eher verlieren sie den Charakter des Unvermeidlichen".* Wir sind weder die Marionetten der Umgebung noch die der Gene.

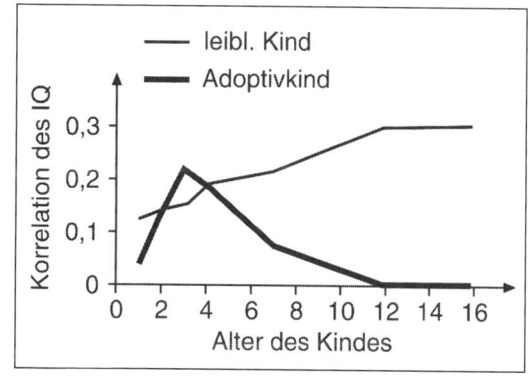

Abb. 3 Korrelation des IQ der Eltern (gemittelt) mit dem IQ leiblicher Kinder und dem IQ der Adoptivkinder (gemessen zu unterschiedlichen Entwicklungszeitpunkten der Kinder mit entsprechenden Tests) über die Zeit.

31

Literatur

1. Alford JR, Funk CL, Hibbing JR. Are political orientations genetically transmitted? Am Politic Sci Rev 2005; 99: 153–67.
2. Grilo CM, Pogue-Geile MF. The nature of environmental influences on weight and obesity. Psychol Bull 1991; 110: 520–37.
3. Mattick JS. RNA regulation: a new genetics? Nature Neurosci Rev 2004; 5: 316–23.
4. Plomin R, Owen MJ, McGuffin P. The genetic basis of complex human behaviors. Science 1994; 264: 1733–9.
5. Plomin R, Fulker DW, Corley R, DeFries JC. Nature, nurture, and cognitive development from 1 to 16 years: A parent-offspring adoption study. Psychol Sci 1997; 8: 442–7.
6. Ridley M. Nature via nurture. Genes, experience and what makes us human. London: Fourth Estate 2003.
7. Sacerdote B. What happens when we randomly assign children to families? NBER Working paper Series No. 10894 (http://www.nber.org/papers/w10894). Cambridge: National Bureau of Economic Research 2004.
8. Spitzer M. Wechselwirkungen: Stress mit Serotonin. (Geist & Gehirn). Nervenheilkunde 2003; 22: 482–5.

Landschaft

Ästhetik von Petrarca bis zum Titan, über Darwin und den Tsunami[1]

Haben Sie die Bilder vom Saturnmond Titan gesehen, die uns von der Raumsonde Huygens Mitte Januar 2005 über eine Entfernung von 1,2 Milliarden Kilometern erreichten? Vielleicht waren Sie auch so fasziniert wie mein Freund Achim und ich. Diese Bilder bewegten uns, wie sie viele Betrachter bewegt haben. Journalisten wurden zu den aberwitzigsten Bemerkungen hingerissen: Man sieht „Strand" und fragt sich, wo die Hotels wohl stehen, sieht Flüsse, Ufer, Wolken und Berge (Abb. 1, 2). „*Titan is shockingly Earth-like*", brachte es der texanische Astronom Paul Schenk auf den Punkt. „*These could have been pictures from an alien probe landing along the Florida gulf coast*" (3).

Man sieht sofort Wolken, Küste und Strand und vergisst dabei, dass in den Flüssen und Ozeanen, wenn die dunklen Gebiete denn welche sind, flüssiges Methan fließt und dass der „Sand", die „Steine" und die Berge aus Eis sind, bedeckt mit etwas Teer, der in der oberen Atmosphäre aus Methan und Äthan entsteht.

Wieso sehen wir sofort eine „Landschaft" und fühlen uns fast wie zu Hause? Mit dem Begriff der Landschaft verbinden wir heute Schönheit, Unberührtheit, Erholung,

Abb. 1 Aufnahme der Raumsonde Huygens (ESA/NASA/JPL/ University of Arizona) vom Titan, zusammengesetzt aus drei Einzelbildern. „Wo bitte geht's zum Hotel?" ist man geneigt zu fragen.

---

1 Achim Kirsch gewidmet

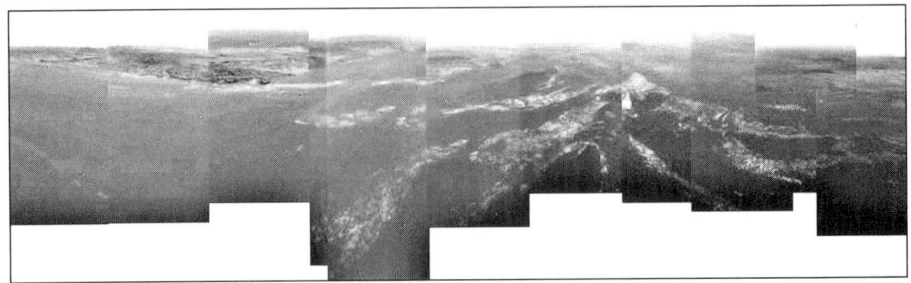

Abb. 2 Panoramafoto der Raumsonde Huygens (ESA/NASA/JPL/University of Arizona) vom Titan, zusammengesetzt aus Einzelbildern, aufgenommen aus 8 km Höhe.

Ruhe, Frieden und mehr, das heißt insgesamt positive Werte. Dies muss nicht so sein, wie durch die Tsunami-Katastrophe vom 26. Dezember 2004 im Indischen Ozean vielen Menschen deutlich wurde: Natur ist nicht nur Naturschönheit, sondern auch Naturkatastrophe.

Bis weit in unsere Entwicklungsgeschichte galt: Je deutlicher der Mensch der Natur ausgeliefert war, desto eher war Natur negativ besetzt. Aristoteles definierte ein Haus als Schutzhütte für Mensch, Tier und Gerät und wies damit darauf hin, was es heißt, der Natur schutzlos ausgeliefert zu sein (und das im schönen Griechenland!). Auch im Mittelalter war Landschaft widerständig, gefährlich und alles andere als erbaulich. Es ist also noch gar nicht so lange her, da galt die Naturlandschaft als roh, feindlich und dem Menschen abträglich.

Dies änderte sich – so die auf die Interpretation des Philosophen Joachim Ritter (18, 19) zurückgehende, heute gängige Auffassung – mit der Besteigung des südfranzösischen Berges Mont Ventoux durch den italienischen Humanisten, Dichter und Gelehrten Francesco Petrarca im Jahr 1336. Er beschrieb dies als ästhetische Erfahrung der Natur und leitete damit eine neue Sicht (sic!) der Landschaft ein (12), die Landschaft als „Prozess zwischen Mensch und Natur" begreift, wie es im Positionspapier der Europäischen Akademie für Landschaftskultur, die den Namen Petrarca trägt, nachzulesen ist (http://www. petrarca.info/de).

Unterwegs traf Petrarca einen alten Hirten, der ihm von der Besteigung des Berges abriet, denn man handle sich nur unnötige Erschöpfung und zerrissene Kleidung ein, wie er aus eigener Erfahrung, die allerdings Jahrzehnte zurücklag, berichtete. Landschaft war demnach, wie Ritter (18, S. 146f) es formuliert, *„dem in der Natur wohnenden ländlichen Volk fremd und ohne Beziehung zu ihm. Berge sind Ort des Wetters, ... der Wald ist das Holz, die Erde der Acker, die Gewässer der Fischgrund. Es gibt keinen Grund hinauszugehen, um die ‚freie' Natur als sie selbst aufzusuchen und sich ihr betrachtend hinzugeben."*

Weiter heißt es dort: *„Die freie Betrachtung der ganzen Natur ... erhält in der Zuwendung des Geistes zur* Natur als Landschaft *eine neue Gestalt und Form"* (18, S. 148, Hervorhebung durch den Autor).

Dies war in der Antike noch anders, weswegen man bei den Griechen – wie schon

Friedrich Schiller bemerkte – *„so wenige Spuren von dem sentimentalischen Interesse findet, mit welchem wir Neueren an Naturszenen ... hängen können"* (18, S. 149). Landschaft wurde für uns erst zur Landschaft, und Begriffe bzw. Institutionen wie Landschaftspflege, Landschaftsschutz, Landschaftsarchitektur oder Landschaftsplanung sind relativ neue Erfindungen.

Obwohl es sich bei der Besteigung Petrarcas vielleicht nur um eine fiktive Erzählung handelt (5), wird sie also als der Beginn der ästhetischen Empfindung von Landschaft gesehen. So schreibt Kaufmann (7):

„Nicht um mit den Göttern zu sprechen, wie Moses am Berg Sinai, auch nicht zur militärischen Lageerkundung, wie der von Petrarca zitierte makedonische König Livius: ‚Allein vom Drang beseelt, diesen außergewöhnlichen Ort zu sehen' – so begründet Petrarca seine Besteigung. Damit formuliert er das Credo des modernen Alpinismus. Berge werden um ihrer selbst willen bestiegen, sinnliche Naturerfahrung wird zum Selbstzweck. Petrarca reizt es, den Berg zu sehen und die Aussicht vom Gipfel zu genießen."

Lassen wir auch nochmals Ritter zu Worte kommen:

„Landschaft ist Natur, die im Anblick für einen fühlenden und empfindenden Betrachter ästhetisch gegenwärtig ist: Nicht die Felder vor der Stadt, der Strom als ‚Grenze', ‚Handelsweg' und ‚Problem für Brückenbauer', nicht die Gebirge und die Steppen der Hirten und Karawanen (oder der Ölsucher) sind als solche schon ‚Landschaft'. Sie werden dies erst, wenn sich der Mensch ihnen ohne praktischen Zweck in ‚freier' genießender Anschauung zuwendet, um als er selbst in der Natur zu sein. Was sonst als Genutztes oder als Ödland das Nutzlose ist und was über Jahrhunderte hin ungesehen und unbeachtet blieb oder das feindlich abweisende Fremde war, wird zum Großen, Erhabenen und Schönen" (18, S. 151).

Stimmt das alles? Sind wir Menschen tatsächlich erst seit einigen hundert Jahren zur ästhetischen Erfahrung von Landschaft fähig? Und wenn dies so ist, warum fühlen wir uns dann auf dem Titan auch gleich wie zuhause?

Die zu den geistigen Nachfahren von Charles Darwin gehörenden evolutionären Psychologen sehen dies anders. Innerhalb der letzten drei Jahrzehnte gab es eine Reihe von Arbeiten, in denen die evolutionäre Natur des Menschen einerseits und dessen ästhetische Präferenzen andererseits in Verbindung gebracht wurden. Zwar bezogen sich die meisten dieser Arbeiten auf sexuelle Selektion und die damit verbundenen Partnerpräferenzen bei Frauen und Männern, es gab jedoch auch mehrere Ansätze zum möglichen evolutionären Hintergrund ästhetischen Landschaftserlebens. Das Argument ist im Grunde ganz einfach: Wie für viele andere Tierarten, so ist es auch für den Menschen überlebenswichtig, wo er sich befindet. Der Lebensraum des Menschen ist also nicht dem Zufall überlassen, sondern unterliegt klaren Auswahlkriterien, die sich auf bestimmte Schlüsseleigenschaften der Umgebung beziehen. Um die Auswahl dieser Schlüsseleigenschaften so gut wie möglich zu garantieren, ist es sinnvoll, dass sie gleichsam automatisch erfolgt und nicht aufgrund langwierigen kognitiven Deliberierens. Nicht anders verhalten wir uns ja auch beim Geschlechtspartner: Wir gehen nicht eine Liste erwünschter positiver Eigenschaften durch und entscheiden dann, sondern reagieren direkt auf Schlüsselreize, die Jugendlichkeit und damit vor allem eben auch Fruchtbarkeit anzeigen. Diese automatische Reaktion wird durch unsere Emotionen bewerkstelligt, und nicht anders hat man sich automatische, emotional bedingte Reaktionen auf Landschaften vorzustellen. Lebensräume, die dem Menschen zuträglich sind, sollten daher positive Emotionen hervorrufen.

„Die strukturellen Eigenschaften einer Umgebung stehen mit bestimmten Voreinstellungen des menschlichen Wahrnehmungssystems in Beziehung, sodass die wesentlichen allgemeinen Charakteristika eines Settings rasch und mit sehr wenig Informationsverarbeitung ermittelt werden. Hinweisreize für den Tiefeneindruck, Kohärenz, Komplexität, zeitliche Entwicklung sowie bestimmte Inhaltsklassen wie Wasser und Vegetation werden dem entsprechend sehr schnell wahrgenommen, denn sie liefern wichtige Informationen darüber, ob eine Umgebung das bietet, was Menschen brauchen", fassen Ruso und Mitarbeiter (20, S. 283, Übersetzung durch den Autor) diesen Ansatz zusammen.

Wesentlich für die Argumentation von Vertretern der Richtung der so genannten evolutionären Psychologie ist zusätzlich noch der Sachverhalt, dass die Menschen während einer langen Periode der Steinzeit als Jäger und Sammler lebten und dass die etwa 1,5 Millionen Jahre lang vorherrschenden Rahmenbedingungen ihrer steinzeitlichen Existenz unsere kognitiven Fähigkeiten wie auch unsere emotionalen Präferenzen geformt haben. Wer sich nicht dort niedergelassen hat, wo ihm die Landschaft einerseits Schutz und andererseits Überblick bietet, gehört nicht zu unseren Vorfahren, also mögen wir solche Ausblicke, so die *Prospect Refuge Theorie* von Appleton (1, 2). Hierauf aufbauend hat Orians (14, 15) seine mittlerweile recht bekannte *Savannen-Theorie* der Landschaftsästhetik formuliert, die sich auf ganz konkrete Überlegungen zum Leben steinzeitlicher Horden stützt. Betrachten wir beispielhaft seine Argumentation:

„Um die Bedeutung der Selektion des richtigen Lebensraums durch unsere jagenden und sammelnden Vorfahren zu verstehen, stellen Sie sich vor, Sie sind auf einem Camping-Trip, der ein Leben lang andauert. Eines Morgens wachen Sie mit einem leeren Magen und leeren Vorräten auf. Es ist Zeit, weiter zu ziehen. Wolken am Horizont zeigen an, dass es dort für einige Tage geregnet hat, weswegen Sie dort hingehen werden, um nach Essbarem zu suchen. Obwohl die regnerische Gegend einige Tage entfernt ist, sollte sie frisch grün sein und es sollte dort Beeren, Obst, Gemüse und frisches Wasser geben. Aus dem gleichen Grund, wie es Sie dort hinzieht, werden sich andere Tiere dort einfinden, sodass die Gegend auch gute Jagdgründe darstellen sollte.

Die kleine Gruppe von Erwachsenen und Kindern beginnt also langsam ihren langen Marsch in die neue Gegend. Gegen Mittag steht die Sonne hoch und es ist heiß. In einiger Entfernung befindet sich auf einem Bergrücken eine Gruppe größerer Bäume, die kühl und einladend ausschauen, aber immer noch einige Stunden des Marsches entfernt liegen. Während sich die Gruppe auf dem Weg zu diesen Bäumen befindet, bemerkt einer der Männer frische Löwenspuren. Er hält inne und gibt der Gruppe Zeichen anzuhalten, währenddessen er auf einen Felsen klettert, um besser Ausschau halten zu können. Die Löwen sind nicht weit weg, fast verborgen im hohen Gras. Der Mann beobachtet die Löwen für eine Weile, um ihre Absichten herauszufinden. Sind sie hungrig? Werden sie angreifen? Seine beträchtliche Kenntnis der Tiere sagt ihm jedoch, dass es keinen Grund zur Beunruhigung gibt. Ganz offensichtlich hatten sie gerade eine größere Mahlzeit genossen und ruhen sich aus.

Als die Horde einige Zeit später die Baumgruppe erreicht, steht die Sonne tief am Horizont und signalisiert ein Ende der unerträglichen Hitze des Tages. Die Erwachsenen ru-

hen sich aus und wissen, dass es bald kühler werden wird. Sie lassen sich nieder und beginnen die Vorbereitungen für das Abendessen. In der Ferne hört man Donner und nimmt wohlwollend zur Kenntnis, dass die Trockenzeit bald ein Ende haben wird. [...]. Im Verlauf des Tages hatte sich während der Wanderung eine Frau an Blumen erinnert, die man beim letzten Mal in dieser Gegend gesehen hatte und die sich in der Nähe von Büschen und Beeren befanden. Eine andere Frau sprach über einen großen Nussbaum, der im letzten Jahr sehr produktiv gewesen sei. Die Männer versammeln sich derweil und schnitzen Pfeile, während sie die Tierspuren diskutieren, die sie am Tag zuvor gesehen hatten. Sie planen die morgige Jagd [...]. Kurz vor dem Morgengrauen erwachen mehrere Erwachsene durch ein lautes Krachen im Gebüsch. Dies wird jedoch bald wieder leiser, sodass sie noch einmal in Schlaf verfallen. Bald danach wachen alle Camper auf und beginnen einen neuen Tag mit einem Lebensstil, der über Tausende von Generationen unverändert blieb" (16, S. 556, Übersetzung durch den Autor).

Die Autoren diskutieren ausführlich die Aspekte dieses Lebensstils und die sich hieraus ergebenden Präferenzen für den gewählten Lebensraum. Diese sind emotionaler Natur: *„In all organisms habitat selection presumably involves emotional responses. If, as is likely, the strength of these responses is a key proximate factor in decisions, then the ability of a habitat to ‚turn on‘ an organism should be positively correlated with its expected fitness in it"* (14, S. 55). Die emotionale Reaktion erfolgt automatisch und nicht bewusst, um dem Individuum Ressourcen zu sparen. *„There are several compelling reasons for believing that evolutionary molded behavioral responses should often be ones of which we are not aware. Evolutionary programmed responses are made without ‚conscious effort‘, that is, they are made while leaving the brain free to attend to those aspects of behavior which do require attention. It is advantageous to handle many decisions unconsciously since there is a strict limit to the number of events to which attention can be directed at any one time"* (14, S. 64).

Gemäß der von Orians vorgeschlagenen *Savannen-Theorie* der Landschaftspräferenz weisen Menschen eine angeborene Präferenz für das Biotop der Savanne auf, da unsere Vorfahren in evolutionärer Hinsicht in der Savanne erfolgreich lebten. Man sucht also nach überschaubaren Plätzen, die Schutz bieten, zugleich Übersicht garantieren, vielleicht die Anwesenheit von Nahrungsmitteln signalisieren und sich zu guter Letzt auch in der Nähe von Wasser befinden.

Als Beleg führt Orians unter anderem Beschreibungen in der Literatur an: Wälder werden mit Depression und Angst assoziiert, als Unterschlupf für Hexen, Gnome, Trolle und vor allem Raubtiere betrachtet, die es allesamt zu vermeiden gilt. Bekanntermaßen lebte Rotkäppchen im Wald gefährlich. Umgekehrt sehnen sich Menschen nach Wanderungen durch baumloses Grasland so sehr nach Bäumen, dass sie bei einer Niederlassung immer Bäume pflanzen, teilweise unter erheblichem Aufwand. Als weiteres Indiz führt Orians die Preise von Immobilien an, die mit der Aussicht auf Berge, Bäume und Wasser korrelieren.

Experimentelle Studien zur Landschaftspräferenz von Versuchspersonen ergaben im Wesentlichen eine Bestätigung dieser Überlegungen. In seiner Übersicht hierzu nennt Ulrich (22, 23) die folgenden Variablen, die für das Bewerten einer Landschaft als *schön* verantwortlich sind:

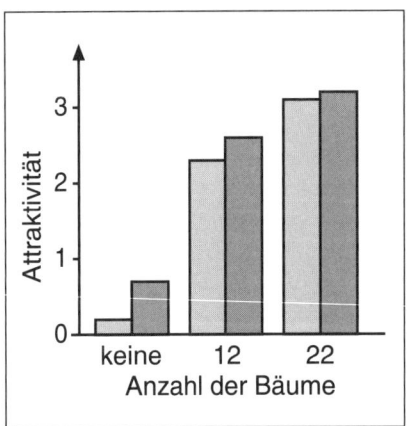

Abb. 3 Einhundert Bewohner einer Vorstadt von Chicago bewerteten ihre Vorliebe für Fotografien der gleichen städtischen Landschaft, deren Baumbestand und Rasenflächen am Computer verändert wurden, auf einer Likert-Skala von 0 bis 4. Die Landschaft wurde ohne Bäume am schlechtesten, mit 12 Bäumen bzw. mit 22 Bäumen je Acre deutlich besser bewertet, wobei auch die Pflege der Rasenflächen (ungepflegt: hellgraue Säulen; gepflegt: dunkelgraue Säulen) eine Rolle spielte (10, S. 51, table 1).

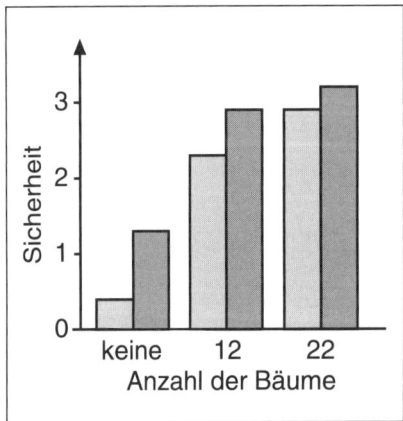

Abb. 4 Bewertung der subjektiv empfundenen Sicherheit der Landschaft in Abhängigkeit von Rasen und Bäumen (wie Abb. 3; Daten aus: 10, S. 51, table 1). Das Argument, Bäume machten eine Gegend unsicher, trifft für die subjektiv erlebte Sicherheit nicht zu.

1) moderate bis hohe Komplexität, 2) Komponenten, die einen Fokus bilden, und Muster, die eine Strukturierung erlauben, 3) eine gewisse, klar wahrnehmbare Tiefe, 4) gleichmäßig strukturierte Oberfläche, die einfaches Darüber-Laufen erlaubt sowie 5) gute Aussicht. Darüber hinaus sind uns natürliche Landschaften lieber als solche mit vielen Zivilisationsartefakten, andererseits präferieren wir jedoch die (kontrollierte) Parklandschaft (mit geschnittenem Rasen) gegenüber der wilden unwegsamen Natur (6, 10, 11; Abb. 3, 4), und viele Tiere tun dies auch: In Berlin leben mittlerweile zwei Drittel aller in Deutschland lebenden Vogelarten (nämlich 141 Arten auf 880 Quadratkilometern), 50 verschiedene Säugetierarten, ferner *„alle der geographischen Lage entsprechenden Arten von Kriechtieren und Lurchen sowie Tausende von Kleintierarten aus den diversen Gruppen der wirbellosen Tiere"* (17). So zeigt die Kulturlandschaft an, dass wir hier die Natur unter Kontrolle haben – im Zeitalter nach dem Tsunami mit über einer viertel Millionen Toten kein unwesentlicher Gesichtspunkt. Denn die Trockenheit des Sommers 2003 (mit allein in Frankreich etwa 15 000 hierdurch bedingten Toten) macht klar, warum die Anwesenheit von Wasser (in kontrollierter bzw. kontrollierbarer Form) prinzipiell die positive Bewertung einer Landschaft fördert.

Man braucht nur in ein Reisebüro zu gehen, Bildbände durchzublättern, Immobilienanzeigen zu lesen oder – warum sollten wir nicht einmal zum Äußersten greifen? – mit den Menschen sprechen, um zu erfahren, wie wichtig uns *der Blick* ist, für den wir bereit sind, enorme Summen zu zahlen. Wir tun dies aus gutem Grund: Eine in *Science* publizierte Studie an 46 Patienten nach Gallen-OP wies nach, dass die 23 Patienten, die während ihrer Genesung einen Blick auf Bäume hatten, verglichen mit den 23 Patienten, deren Blick aus dem Fenster nur eine Ziegelwand bot, signifikant weniger Schmerzmittel brauchten, weniger Komplikationen aufwiesen und im Schnitt einen Tag früher nach Hause entlassen werden konnten (24).

Wird eine Führerscheinprüfung in einem Raum, in dem sich Pflanzen befinden, durchgeführt, sind die Leistungen der Prüflinge besser als in einem Raum ohne Pflanzen (Abb. 5), und haben die Menschen Zugang zu einem Blick ins Grüne, sind sie weniger aggressiv und neigen in geringerem Maße zu Graffiti und sogar zum Vandalismus (4, 10, 13). Stellt man in einem Kaufhaus einen Springbrunnen auf, nehmen die Leute mehr Körperkontakt miteinander auf und verhalten sich neugieriger, wenn Wasser im Becken ist als wenn keines drinnen ist, und der Effekt wird noch größer, wenn der Brunnen richtig läuft, wie Ruso und Mitarbeiter durch Videoaufnahmen von 4 050 Personen feststellen konnten (20, 21).

Landschaft wurde seit der Jungsteinzeit vom Menschen nicht nur erlebt, sondern auch verändert und damit gemacht. Ohne die Bauern wäre die Landschaft in Mitteleuropa langweilig, enthielte nur etwa halb so viele Tierarten und bestünde im Wesentlichen aus Wald (9). Den einsamen Baum, wie wir ihn uns vorstellen (der Baumtest von Koch beruht auf diesen inneren Bildern; Abb. 6), malen (Abb. 7) oder fotografieren, gäbe es ohne den Menschen ebensowenig wie beispielsweise den Waldrand, den es nur gibt, wenn der Mensch die Landschaft in Wald und Feld einteilt und die Grenzen klar definiert und zieht. „... *in den meisten Fällen ist er erst in der Zeit um 1800, also in der Neuzeit, entstanden, als per Edikt Wald und Weideland als Nutzungsräume voneinander getrennt wurden. Die Landschaft früherer Zeiten ließ sich nicht mit den Kriterien ‚Wald‘ und ‚Nicht-Wald‘ beschreiben*" (9, S. 12).

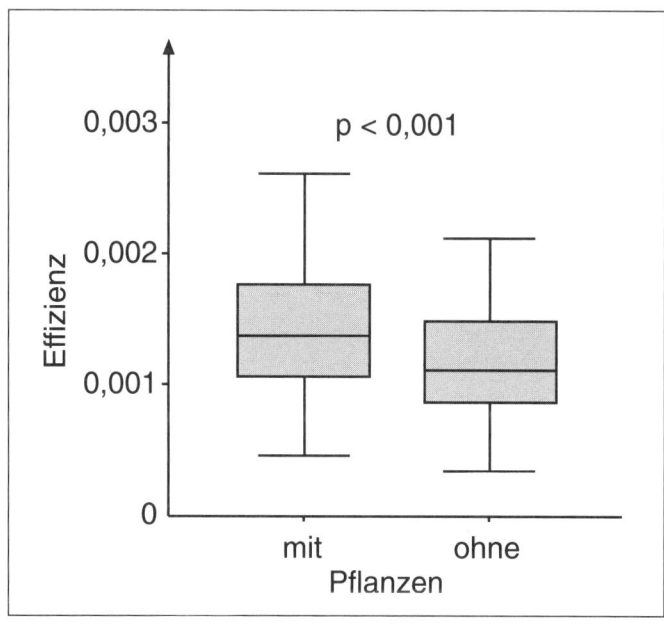

Abb. 5 Ergebnisse der Führerscheinprüfung von insgesamt 428 Fahrschülern im Hinblick auf die Effizienz, die als Quotient aus erreichter Punktzahl und Prüfungsdauer errechnet wurde, im Hinblick auf die Anwesenheit von Pflanzen im Raum. Für die Punktzahl ergab sich mit 89% (mit Pflanzen) versus 86% (ohne Pflanzen) ein Trend, für die Dauer mit 20:35 min (ohne Pflanzen) versus 17:33 min (mit Pflanzen) eine signifikante Verbesserung. Entsprechend war die Effizienz mit Pflanzen signifikant höher (nach 13, S. 31).

Abb. 6 Produkte der Aufforderung: Zeichne einen Baum. Der Baumtest (8) beruht auf unseren inneren Bildern von Bäumen. Er funktioniert, weil wir beim Zeichnen eines Baumes einen idealtypischen Baum im Kopf haben, der von unseren sonstigen Gedanken mit geprägt ist. Die Interpretation solcher projektiver Testverfahren ist allerdings mit Unsicherheiten verbunden. Man könnte also sagen, dass der Baum links Dampf und aufgeblasene Emotionalität, der in der Mitte Faulheit und der rechts Pessimismus anzeigt. Sicher sein kann man sich allerdings nicht.

Abb. 7 *Der einsame Baum* (Gemälde von Caspar David Friedrich, 1822, Öl auf Leinwand, Nationalgalerie, Berlin), wie es ihn in der Natur ohne die Einwirkung des Menschen eigentlich gar nicht gibt. Solche einsamen Bäume findet man in Parks oder anderen Kulturlandschaften, nicht hingegen in der Natur. Dennoch erscheinen sie den meisten von uns „natürlicher" als Bäume, wie sie ohne Zutun des Menschen in der Natur vorkommen. Bäume stehen natürlicherweise nicht allein, und wenn sie dies nicht tun, sehen sie ganz anders aus, nämlich schmal, hoch und mit einer kleinen Krone.

Der Übergang vom Jäger und Sammler des Pleistozän zum Ackerbauer und Viehzüchter im Holozän ist damit auch der Übergang von der Entwicklung ästhetischer Präferenzen und deren Aufsuchen im Hinblick auf die Landschaft zum Verändern und zum Bewusstwerden. Die Bilder einer Katastrophe unvorstellbaren Ausmaßes einerseits und einer menschlichen Errungenschaft in unvorstellbarer Ferne andererseits machen uns klar, wie unheimlich und wie vertraut zugleich uns Landschaft sein kann. Petraca wurde dies gewahr, Darwin hat unser Denken dazu bereichert. Der Tsunami und Titan haben uns dies erneut und sehr eindrücklich ins Bewusstsein gerufen.

Literatur

1. Appleton J. The experience of landscape. New York: Wiley 1975.
2. Appleton J. Prospect and refuge re-visited. Landscape Journal 1984; 3: 91–103.
3. Battersby S. No place like home, unless it's Titan. New Scientist 2005; 185 (Nr. 2484; 29.1.05): 8.
4. Brunson L, Kuo FE, Sullivan WC. Resident appropriation of defensible space in public housing: implications for safety and community. Environ Behav 2001; 33: 626–52.
5. Groh R, Groh D. Petrarca und der Mont Ventoux. In: Groh R, Groh D (Hrsg). Die Außenwelt der Innenwelt. Zur Kulturgeschichte der Natur. Bd. 2. Frankfurt: Suhrkamp 1996; S. 17–82.
6. Hagerhall CM. Clustering predictors of landscape preference in the traditional Swedish cultural landscape: prospect-refuge, mystery, age and management. J Environ Psychol 2000; 20: 83–90.
7. Kaufmann S. Moderne Subjekte am Berg. In: Bröckling U, Paul A, Kaufmann S (Hrsg). Vernunft – Entwicklung – Leben. Schlüsselbegriffe der Moderne. Festschrift für Wolfgang Essbach. München: Fink 2004; S. 205–33.
8. Koch K. Der Baumtest. Der Baumzeichnungsversuch als psychodiagnostisches Hilfsmittel. 9. Aufl. Bern: Huber 1997.
9. Küster H. Geschichte der Landschaft in Mitteleuropa. Von der Eiszeit bis zur Gegenwart. München: Beck 1995.
10. Kuo FE, Bacaicoa M, Sullivan WS. Transforming inner city landscapes. Trees, sense of safety and preference. Environ Behav 1998; 30: 28–59.
11. Misgav A. Visual preference of the public for vegetation groups in Israel. Landscape Urban Planning 2000; 48: 143–59.
12. Mittelstraß J (Hrsg). Enzyklopädie Philosophie und Wissenschaftstheorie 3. Aufl. Stuttgart: Metzler-Verlag 1995; S. 100–2.
13. Oberzaucher E. Phytophilie oder die Erhöhung der Gründichte am Arbeitsplatz als Instrument zur Steigerung von Kognitiven Leistungen (Diplomarbeit). Wien: Ludwig-Boltzmann-Institute for Urban Ethology 2000.
14. Orians GH. Habitat selection: General theory and application to human behavior. In: Lockard JS (Hrsg). The evolution of human social behavior. Chicago: Elsevier 1980; S. 49–66.
15. Orians GH. An ecological and evolutionary approach to landscape aestetics. In: Penning-Rowsell EC, Lowenthal D (Hrsg). Landscape meaning and values. London: Allen & Unwin 1980; S. 3–25.
16. Orians GH, Heerwagen JH. Evolved responses to landscapes. In: Barkow JH, Cosmids L, Tooby J (Hrsg). The adapted mind. Evolutionary psychology and the generation of culture. Oxford: Oxford University Press 1992; S. 555–79.
17. Reichholf JH. Die Landflucht der Arten. Frankfurter Allgemeine Zeitung 1996; 18. 11. 1996 (Nr. 269): 13.

18. Ritter J. Landschaft. Zur Funktion des Ästhetischen in der modernen Gesellschaft. In: Ritter J: Subjektivität. Sechs Aufsätze. Frankfurt: Suhrkamp 1974; S. 141–63.
19. Ritter J. Landschaft. In: Ritter J, Gründer K (Hrsg). Historisches Wörterbuch der Philosophie Bd. 5. Darmstadt: Wissenschaftliche Buchgesellschaft 1980; S. 11–28.
20. Ruso B, Atzwanger K. Measuring immediate behavioral responses to the environment. The Michigan Psychologist 2003; 4: 12.
21. Ruso B, Atzwanger K, Buber R, Gadner J, Gruber S. Age and gender differences in the behavioural response to discrete environmental stimuli. Gent: Proceedings of the ISHE Conference 2004.
22. Ulrich RS. Visual landscapes and psychological well-being. Landscape Research 1979; 4: 17–23.
23. Ulrich RS. Natural versus urban spaces: some psychophysiological effects. Environ Behav 1981; 13: 523–56.
24. Ulrich RS. View through a window may influence recovery from surgery. Science 1984; 224: 420–1.

Aarons DNA

Biologie und die Bibel

Jeder Mann hat sein Y-Chromosom von seinem Vater geerbt, hat also im Prinzip genau das gleiche Y-Chromosom wie sein Vater. Da sich dieses Chromosom bei der Meiose nicht mit einem homologen Chromosom paaren kann und es auf diese Weise zu einem Austausch von genetischem Material zwischen einzelnen Chromosomen kommen kann, sind die Y-Chromosomen hervorragend geeignet, um Stammbäume zu rekonstruieren. Selten kommt es zu einer Spontanmutation, weshalb nicht alle Y-Chromosomen aller heute lebenden Männer genau gleich sind. Aber so verschieden sind sie nun auch wieder nicht. Die Mutationen lassen es jedoch zu, Aussagen über die genetische Verwandtschaft von Männern zu machen, was beispielsweise bei Vaterschaftstests eingesetzt werden kann. Bekanntlich wurde durch die Untersuchung der entsprechenden Y-Chromosomen nachgewiesen, dass der dritte US-Amerikanische Präsident, Thomas Jefferson, mindestens einen Sohn seiner Sklavin Sally Hemings zeugte (4).

Das Y-Chromosom gehört damit zu einem Mann wie dessen Nachname und wird auch so vererbt. Man kann sogar *Nachnamen-Y-Chromosomen* identifizieren, wie etwa der Genetiker Bryan Sykes, der die DNA, die mit seinem Nachnamen vererbt wird, identifiziert und damit herausgefunden hat, dass „Sykes" in England vor etwa 700 Jahren auftauchte und auf einen einzigen Vorfahren zurückgeht (12). Seit der Zeit, als Nachnamen überhaupt im englischen Mittelalter eingeführt wurden, lässt sich damit das Sykes-Y-Chromosom mit dem Namen Sykes in Verbindung bringen.

Gibt man die Unterschiede der heutigen Y-Chromosomen mitsamt der durchschnittlichen Mutationsrate in einen Computer ein, lässt sich berechnen, dass alle heute lebenden Männer von einem einzigen Mann – unter Wissenschaftlern aus offensichtlichen Gründen gemeinhin *Adam* genannt – abstammen, der vor etwa 140 000 Jahren in Afrika gelebt hat. Gewiss gab es damals nicht nur einen einzigen Mann auf der Welt, aber die Nachkommen der anderen Männer gehörten über kurz oder lang nicht zu den Vätern der heute lebenden Menschen. Dies ist schwer zu glauben, folgt jedoch direkt aus den vorliegenden Daten (6, 11).

Die Bestimmung von Unterschieden zwischen den Y-Chromosomen mehrerer Männer erlaubt es, Aussagen über deren Verwandtschaft zu machen. Durch Vergleich verschiedener Gruppen kann man auf diese Weise den Grad der genetischen Durchmischung einer Gruppe mit anderen Gruppen herausfinden.

Eine Reihe von Arbeiten aus den letzten Jahren gingen der Frage nach, wie sich die Ergebnisse solcher Analysen mit der Geschichte des Menschen in Zusammenhang bringen lassen. Insbesondere der Vergleich von Genetik und Linguistik zeigte, dass die Analysen zur genetischen Verwandtschaft der auf der Erde lebenden Menschen recht gut zur Ähnlichkeit von deren Sprachen passen (3). Die Basken sprechen nicht nur ganz anders als die übrigen Europäer, sie sind ihnen auch genetisch sehr unähnlich (2) und wurden von der indo-europäischen Sprach-Dampfwalze verschont. Interessanterweise treffen sich Genetik und Linguistik nicht nur inhaltlich, sondern auch methodisch: Die Analyse von 2 449 Wörtern aus 87 indo-europäischen Sprachen mittels evolutionsbiologischer Methoden ergab einen sehr plausiblen „Stammbaum" der Sprachen mit einem Ursprung vor etwa neuntausend Jahren (5).

Einen ganz anderen Fall stellt der im heutigen Südafrika und Zimbawe lebende Stamm der Lemba dar. Die Mitglieder dieses Stamms behaupten, wie auch die Mormonen in den USA oder die religiöse Gruppe der Falasha (Falachen) in Äthiopien, sie wären die Nachfahren eines der zehn Stämme des Königreiches Israel. Dieses wurde durch die Assyrer im Jahr 722 v. Chr. erobert und dessen Bewohner in alle Welt zerstreut. DNA-Analysen konnten zeigen, dass dies bei den Mormonen und den Falasha nicht der Fall ist (8). Dennoch wanderten etwa 10 000 der etwa 25 000 Falasha nach der Hungersnot 1984 nach Israel aus, die anderen 15 000 wurden während der Unruhen in Äthiopien 1991 über eine Luftbrücke ausgeflogen. Heute leben maximal einige hundert Falasha noch in Äthiopien (1).

Anders liegen die Dinge bei den Lemba: Dieser schwarze, Bantu-sprechende Stamm hat einige Sitten, die an das Judentum erinnern: Die Lemba befolgen den Sabbath, beschneiden die Söhne und essen kein Schweinefleisch. Man dachte allerdings, dass es sich hierbei um das Resultat von Bekehrungsversuchen früher christlicher Missionare handelte und nicht etwa um eine dreitausend Jahre alte und auf jüdische Abstammung zurückgehende Tradition. Wie DNA-Analysen des Y-Chromosoms zeigten, ist jedoch genau dies der Fall (9, 13).

Dies ist keineswegs der einzige Zusammenhang zwischen Genetik und historischem Judentum. Betrachten wir dessen Geschichte daher in aller gebotenen Kürze genauer: Um etwa 1250 v. Chr. zogen Stämme aus Ägypten in das Gebiet des heutigen Israel und schlossen sich um 1200 v. Chr. zu einem Zwölfstämmeverbund zusammen. Dem Alten Testament zufolge (Moses 2, 27) erhielt Moses während dieser Wanderung auf dem Berg Sinai unter anderem göttliche Anweisungen, die das Priestertum betrafen: Moses' Bruder Aaron und dessen Nachfahren, beginnend mit den Söhnen Nadab, Abihu, Eleazar und Ithamar, sollten Priester sein und diese Tradition über jeweils die Söhne weitervererben. Drei Jahrtausende später lässt sich mit den Methoden der Genetik feststellen, was an dieser Geschichte dran ist.

Mit den Worten des Verhaltensgenetikers Dean Hammer (6, S. 181) formuliert: „*Little did Moses and the Israelites know that some three milliennia later, it would be possible to check how accurately they had followed God's instructions by a new technology: DNA testing.*"

Bekanntermaßen wurden die Israeliten im Laufe ihrer wechselvollen Geschichte in alle Welt verstreut: Nachdem sie im Gelobten Land angekommen und unter dem König David etwa 1000 v. Chr. zu einem Reich vereint sowie unter König Salomon die Stadt Jerusalem samt einem Tempel aufgebaut hatten (man spricht daher auch von der ersten Tempelperiode), stritten sie untereinander, sodass nach dessen Tod 926 v. Chr. aus den zwölf Stämmen zwei Königreiche wurden: Israel im Norden aus 10 Stämmen und Juda im Süden (mit Hauptstadt Jerusalem) aus zwei Stämmen. Wie bereits erwähnt, wurde das nördliche Königreich im Jahr 722 v. Chr. nach seiner Eroberung durch Sargon II. zur assyrischen Provinz. Die Bevölkerung wurde unter anderem nach Mesopotamien umgesiedelt, verlor dadurch ihre Identität und ging in anderen Völkern auf.

Das Königreich im Süden wurde gut hundert Jahre später (587 v. Chr.) vom babylonischen König Nebukadnezar II. durch die Eroberung Jerusalems beendet und die Menschen wurden nach Babylon verschleppt, von wo sie allerdings ab 538 v. Chr. wieder zurückkehrten, nachdem ein Jahr zuvor die Babylonier ihrerseits vom Perserkönig Kyros geschlagen worden waren. In die Zeit des Exils fällt die Zerstörung des ersten Tempels.

Die nächsten 500 Jahre blieben die Juden, wie sie mittlerweile genannt wurden, im Gelobten Land und wurden zunächst von den Persern, ab 332 v. Chr. von den Griechen, dann offiziell von den Seleukiden (ab 142 v. Chr.), jedoch praktisch weitgehend durch sich selbst regiert. Diese heute so genannte zweite Tempelperiode wurde 63 v. Chr. durch die Eingliederung der von den Juden bewohnten Gebiete in das römische Reich durch Pompeius beendet. Die Juden wurden, insbesondere im Rahmen der Zerstörung Jerusalems durch Titus (70 n. Chr.) und der Zerschlagung von Aufständen durch Hadrian (133 n. Chr.) versklavt oder vertrieben und damit wieder zu dem, was sie vor der Gründung der Königreiche bereits waren: Nomaden.

Es folgten die Zerstreuung (Diaspora) jüdischer Gemeinden über Kleinasien sowie die weitere Ausbreitung im frühen Mittelalter nach Italien und Spanien sowie ab dem 16. Jahrhundert nach Osteuropa. Im späteren Mittelalter wurden die Juden vor allem durch die Spanier sowie durch alle Kreuzritter (welche die Juden als Mörder Christi betrachteten) und später durch die Kosaken bedrängt, verfolgt oder umgebracht; ihr Schicksal während der Zeit des Nationalsozialismus ist bekannt: Von den etwa 17 Millionen Juden weltweit wurden 6 Millionen umgebracht.

Das Leben der Juden ist durch Gesetze sehr streng geregelt, die zwar im Reformjudentum etwas aufgeweicht wurden, jedoch im Prinzip über die Jahrtausende hin Geltung hatten. Neben den *Cohanim*, den eigentlichen Priestern, gab es die für priesterliche Hilfsdienste zuständigen *Leviten*. Heiraten durften Juden nur untereinander, wodurch das Judentum tradiert wurde. Kam es dann doch zur Ehe zwischen Juden und Nicht-Juden, wurden aus den Kindern ebenfalls Nicht-Juden, was bei der allfälligen Verfolgung und Ausgrenzung nicht weiter wundert. Weil es zudem praktisch keine Bekehrung von Nicht-Juden zum Judentum gab, konnte das Judentum zwei Jahrtausende der Diaspora kulturell überdauern, bis im Jahr 1948, also etwa 2000 Jahre nach der Zerschlagung des alten Staates Israel durch die Römer, der Staat Israel neu gegründet wurde.

Zurück zu den jüdischen Priestern, die etwa 5% der heutigen Juden ausmachen und als *Cohanim* bezeichnet werden (worauf übrigens der weit verbreitete Name Cohen zurückgeht). Sie hatten nach der Zerschlagung Israels durch die Römer ihre Funktion bei Tieropfergaben eingebüßt, lesen jedoch in der Synagoge nach wie vor aus der Heiligen Schrift, spenden den Segen und – darauf kommt es in unserem Zusammenhang an – geben ihr Amt an den Sohn weiter, wie ihnen von Moses aufgetragen worden war.

Einer dieser Priester, der Tscheche Kark Skoreki, ging mit der Hilfe von Kollegen und Genetikern der Frage nach, ob jüdische Priester genetisch enger verwandt sind als die übrigen Juden bzw. der Rest aller Menschen. In der ersten Studie zu diesem Problem

(10) wurden zwei Y-chromosomale Marker bei 68 jüdischen Priestern und 120 jüdischen Laien untersucht und Hinweise für genetische Unterschiede zwischen den Gruppen gefunden. Eine weitere Studie mit zwölf genetischen Markern an insgesamt 306 jüdischen Männern (davon 106 *Cohanim*, also Priestern) aus Israel, Kanada und Großbritannien ergab den eindeutigen Hinweis auf die genetische Verwandtschaft jüdischer Priester. Aber nicht nur das: Nimmt man die Daten als „historischen Vaterschaftstest" (6, S. 189), so ergibt sich, dass weniger als 0,1 % der Söhne jüdischer Priester nicht von ihrem Vater gezeugt wurden. Diese Zahl ist insofern bemerkenswert, als die Ergebnisse von Vaterschaftstests für nicht vom vermeintlichen Vater gezeugte Kinder in aller Regel in einer Größenordnung von 10 % liegen. Schließlich ergab die Analyse der (wenigen) Mutationen innerhalb des Y-Chromosoms der jüdischen Priester, dass ihr Stammbaum auf einen gemeinsamen Vorfahren zurückgeht, der vor 2 100 bis 3 250 Jahren gelebt haben muss. Dies passt erstaunlich gut zur Datierung der biblischen Ereignisse (13).

Kehren wir noch einmal zu den Lemba zurück. Auch dort gibt es eine Priester-Kaste wie die *Cohanim*, die sich Buba nennen. Diese wiederum unterschieden sich genetisch praktisch nicht von den *Cohanim*. Das Y-Chromosom der Buba entspricht also dem Y-Chromosom von Moses und Aaron.

Literatur

1. Brockhaus. Der Brockhaus Religionen. Glauben, Riten, Heilige. Mannheim: FA Brockhaus Verlag 2004.
2. Diamond J. The language steamrollers. Nature 1997; 389: 544–6.
3. Diamond J, Bellwood P. Farmers and their languages: The first expansions. Science 2003; 300: 597–603.
4. Foster EA, Jobling MA, Taylor PG, Donnelly P, de Knijff P, Mieremet R, Zerjal T, Tyler-Smith C. Jefferson fathered slave's last child. Nature 1998; 396: 27–8.
5. Gray RD, Atkinson QD. Language-tree diver-gence times support the Anatolian theory of Indo-European origin. Nature 2003; 426: 435–9.
6. Hammer D. The god gene. How faith is hardwired into our genes. New York: Doubleday 2004.
7. Hammer MF. A recent common ancestry for human Y chromosome. Nature 1995; 378: 376–8.
8. Lucotte G, Smets P. Origins of Falasha Jews studied by haplotypes of the Y chromosome. Hum Biol 1999; 71: 989–93.
9. Parfitt T. Constructing Black Jews: Genetic tests, and the Lemba – the „Black Jews" of South Africa. Developing World Bioethics 2003; 3: 112–8.
10. Skorecki K, Selig S, Blazer S, Bradman R, Bradman N, Waburton PJ, Ismajlowicz M, Hammer MF. Y chromosomes of Jewish priests. Nature 1997; 385: 32.
11. Sykes B. The seven daughters of eve. The science that reveals our genetic ancestry. New York: Norton 2001.
12. Sykes B, Irven C. Surnames and the Y chromosome. Am J Hum Genet 2000; 66: 1417–9.
13. Thomas MG, Skorecki K, Ben-Ami H, Parfitt T, Bradman N, Goldstein DB. Origins of old testament priests. Nature 1998; 394: 138–40.
14. Thomas MG, Parfitt T, Weiss DA, Skorecki K, Wilson JF, le Roux M, Bradman N, Goldstein DB. Y Chromosomes traveling south: The Cohen Modal Haplotype and the origins of the Lemba – the „Black Jews of Africa". Am J Hum Genet 2000; 66: 674–86.

Vertrauen in Norwegen, in zwei Scannern und im Nucleus caudatus

Lebensqualität, Wirtschaftswachstum und Gehirnforschung

Systematisch sammle ich Musikinstrumente nicht, sondern immer dann, wenn mir eines gewissermaßen über den Weg läuft. So geschah es während eines Urlaubs in Norwegen. Ich lernte dort, dass es ein Nationalinstrument gibt, die Hardanger-Fidel (Abb. 1), eine Art Geige mit zusätzlichen Resonanzsaiten, vielen Ausschmückungen und einem Drachenkopf statt der sonst üblichen Schnecke. In Museen konnte man das Instrument betrachten, kaufen konnte man es jedoch offenbar nicht: Im fünften Musikgeschäft sagte mir der Verkäufer, dass ich der erste Kunde seit Eröffnung des Geschäfts überhaupt sei, der ein solches Instrument erstehen wolle. Meine Freude war daher groß, als ich in Bergen fündig wurde. Ein Musikgeschäft gab mir die Adresse eines alten Mannes, dessen Hobby der Bau von Hardanger-Fideln war. So stapfte ich zu ihm und suchte mir in dessen Wohnzimmer eines der sieben Instrumente aus, die er im vergangenen Winter gebaut hatte. Als es ans Bezahlen ging – damals 3000 Mark, also recht viel Geld –, meinte der Mann, dass ich das Instrument im Musikgeschäft bezahlen müsse, nicht bei ihm. So sei die Abmachung mit dem Geschäft. Er beschrieb mir den Weg zurück zum Geschäft, gab mir die Geige und verabschiedete sich freundlich von mir, nicht ohne sich nochmals bei mir für mein Interesse an norwegischer Tradition zu bedanken.

Ich war tief beeindruckt: Nicht so sehr von der Geige als vielmehr von dem Vertrauen, das der Mann in einen wildfremden Menschen wie mich setzte. Er hatte weder die Nummer meines Ausweises oder meiner Kreditkarte notiert, noch wusste er mei-

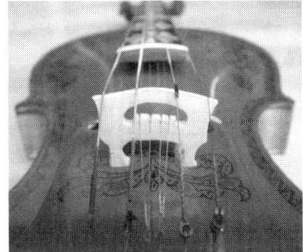

Abb. 1 Norwegische Hardanger-Fidel mit Perlmutt-Einlagen, Resonanzsaiten und Drachenkopf (13).

nen Namen. Ich hätte also einfach mit der Geige auf Nimmerwiedersehen verschwinden können. Ich hatte schon von der Vertrauensseligkeit der Norweger gehört. Sie lassen in den Ferien ihr Haus offen, sodass man als Fremder übernachten und einen kleinen Geldbetrag auf dem Tisch zurücklassen kann. Dass mir jedoch in einer Großstadt ein alter Mann, so um die 80 Jahre alt, ein teures Musikinstrument in die Hand drückt und erklärt, wo ich es bezahlen könne, dass der Mann also in seinem langen Leben ganz offensichtlich noch nie betrogen wurde und wohl auch noch nie davon gehört hatte (sonst würde er sich aus Erfahrung anders verhalten), beeindruckte mich tief. „In Norwegen würde ich gerne leben," schießt es mir noch heute durch den Kopf, wenn ich an diese Episode denke. Offene Haustüren und offene Herzen für Fremde: Wenn das keine Lebensqualität ist?

Vertrauen hält eine Gemeinschaft zusammen. Vertrauen ist sozialer Kitt, der dafür sorgt, dass wir unseren Alltag bewältigen. Was auch immer zwei oder mehr Menschen gemeinsam vorhaben, es setzt gegenseitiges Vertrauen voraus. Tony Blair hat seine Wähler im Hinblick auf einen Kriegsgrund belogen, und die Wahlen am 5. Mai 2005 im Vereinigten Königreich haben gezeigt, was es heißt, Vertrauen zu verspielen. Wir vertrauen im Alltag nicht nur anderen Menschen, sondern auch gesellschaftlichen Institutionen bzw. deren Vertretern. Wir vertrauen der Polizei und der Bundeswehr, den Ärzten und den Richtern, nicht aber den Managern und schon gar nicht den Politikern. Das haben wir mit den Engländern also gemeinsam.

Soziologen haben darauf hingewiesen, dass Vertrauen umso wichtiger wird, je komplizierter eine Gemeinschaft ist. Vertrauen reduziert Komplexität: Wenn ich meiner Bank oder meinem Anwalt vertraue, muss ich mich um alles Mögliche eben gerade nicht mehr kümmern. Das spart Arbeit und Zeit, vereinfacht also vieles und sorgt dafür, dass es wie geschmiert läuft. So gesehen ist Vertrauen ein soziales Kapital, das in Gesellschaften mehr oder weniger vorhanden ist und das von Francis Fukuyama (2) mit dem ökonomischen Erfolg, sprich dem Wirtschaftswachstum eines Landes in Verbindung gebracht wird. Ländern mit einem hohen Ausmaß an gegenseitigem Vertrauen der Menschen untereinander, wie beispielsweise Japan, gehe es wirtschaftlich gut, Ländern mit niedrigerem gegenseitigen Vertrauen (Fukuyama führt unter anderem Italien an) stünden hingegen wirtschaftlich schlechter da. In den USA sind 15% der Leute in einer Fabrik Inspektoren, die nachsehen, dass die anderen 85% arbeiten, in Japan haben nur 1% der Angestellen diese Rolle (Ishikawa, zit. nach 18, S. 7).

Die Thesen Fukuyamas blieben nicht unwidersprochen, es ist jedoch erstaunlich, wie selten Vertrauen in den Blick genommen wurde: Man sucht den Begriff in Wörterbüchern der Ökonomie ebenso vergeblich wie sogar in den Wörterbüchern desjenigen Fachs, das seit alters die Grundfragen des Menschen zum Thema hat, der Philosophie: Zwischen „verträglich" und „verum" (8), „Verstehen" und „Vollkommenheit" (6), zwischen „Vertrag" und „verworren" (4) oder zwischen „Verstehen" und „Vico" (11) sucht man „Vertrauen" in deutschen philosophischen Enzyklopädien und Wörterbüchern ebenso vergeblich wie in der amerikanischen *Encyclopedia of Philosophy* (1). Der Begriff „trust" taucht zwischen dem deutschen Theologen „Troeltsch" und „Truth" sowie dem wiederum deutschen Mathematiker „Tschirnhaus" nicht auf. Obwohl Vertrauen also unsere Gesellschaft überhaupt erst ermöglicht, unsere Lebensqualität gewiss mitbestimmt und möglicherweise unser Wirtschaftswachstum auch, hat sich bislang, mit Ausnahme einiger Soziologen, die bekanntermaßen so schreiben, dass man sie nicht versteht, niemand so recht darum gekümmert.

Im Grunde wird es also höchste Zeit, dass sich die Gehirnforschung des Problems des Vertrauens annimmt. Schließlich entsteht Vertrauen, ebenso wie Wahrnehmungen, Gedanken und Gefühle, im Gehirn. Wie aber untersucht man Vertrauen? Hier sind gleich mehrere Entwicklungen der letzten zwei bis drei Jahre von Bedeutung.

▶ Zum einen das Aufstreben eines neuen Wissenschaftszweigs, der Neuroökonomie (3; vgl. auch 16), die Entscheidungs- und soziale Interaktionsprozesse wirtschafts-mathematisch zu charakterisieren und neurobiologisch zu ergründen sucht.

▶ Zum Zweiten die Aufklärung der Funktion der Basalganglien mithilfe von Einzelzellableitungen an bewertenden und entscheidenden Affen sowie mittels funktionell bildgebender Verfahren beim Menschen.

▶ Und zum Dritten die Entwicklung des Verfahrens des so genannten *Hyperscanning* (9, 10), bei dem zwei oder mehrere Personen gleichzeitig in Scannern liegen und miteinander interagieren.

Die Idee des Hyperscanning ist die folgende: „*Soziale Entscheidungen hängen von intern repräsentierten Modellen der Partner ab. Im Prinzip ließe sich dieses verdeckte Wissen zwar durch Beobachtung des Verhaltens erschließen, das Verhalten ist jedoch ebenso prinzipiell einfacher (von geringerer Dimensionalität) als die ihm zugrunde liegenden neuronalen Aktivierungsmuster, weswegen das Verhalten nicht ausreicht, um auf die neuronalen Repräsentationen zu schließen. Anders gewendet: Schließt man nur vom beobachtbaren Verhalten eines sozialen Interaktionspartners, entgehen einem viele, durch funktionelle Bildgebung zugängliche, neuronale Prozesse, die das Verhalten hervorbringen. Das Vermessen zweier interagierender Gehirne umgeht dieses Problem direkt und erlaubt die Untersuchung der Korrelation internaler Modelle. – man ersetzt Interpretation durch Messung*" (5, S. 78; Übersetzung durch den Autor).

Es geht also um nichts weniger als darum, dass nach der allgemeinen Psychologie des Wahrnehmens, Denkens und Fühlens, der Entwicklungspsychologie und der klinischen Psychologie jetzt auch – endlich – die Sozialpsychologie auf neurowissenschaftlicher Grundlage betrieben wird: Nach *cognitive*, *developmental* und *clinical* gibt es jetzt auch die *social Neuroscience* (vgl. 17).

Der Teufel dieser Arbeit steckt, wie so oft, im Detail. Jedes Neuroimaging-Labor hat etwas andere Sitten und Gebräuche: Routinen der Stimulus-Präsentation, Einstellungen der Daten-Akquisition und vor allem Hard- und Software zur Verarbeitung der Daten. Diese Unterschiede galt es zu überwinden und zudem die Infrastruktur aufzubauen, die das gleichzeitige Durchführen eines Experiments in Texas und Kalifornien (also in verschiedenen Zeitzonen) ermöglichte. Dieser Aufgabe ganz offensichtlich gewachsen war einer meiner ehemaligen Studenten, Brooks King-Casas (Abb. 2), der 1994 in Harvard mein Undergraduate-Seminar besuchte, danach (was sehr ungewöhnlich ist) ein Jahr in meine Sektion für experimentelle Psychopathologie nach Heidelberg kam (13). Brooks King-Casas verband die Methode des Hyperscanning mit der Frage aus der Neuroökonomie nach der Entstehung von Vertrauen und goss das Ganze dann auch

noch mit bewundernswerter Klarheit und Gradlinigkeit in ein Experiment, das er dann mit nahezu hundert Versuchspersonen durchgezogen hat (5).

Zwei Probanden lagen in Houston (Texas) sowie in Pasadena (Kalifornien) im MR-Tomographen und führten ein Tauschspiel aus. Sie konnten sich dabei weder sehen noch hören, erfuhren jedoch jeweils zugleich, was im Spiel geschah. Der eine – nennen wir ihn den *Investor* – bekam 20 Dollar und konnte irgendeine Menge davon dem zweiten Spieler – nennen wir ihn den *Treuhänder* – geben. Dieser investierte Betrag wurde dann vom Spielleiter verdreifacht. Danach konnte der Treuhänder irgendeinen Betrag hiervon an den Investor zurückgeben.

Überlegen wir kurz, was hier geschehen kann. Investiert der Investor nichts, was eine stabile Strategie und das so genannte Nash-Gleichgewicht darstellt, behält er 100% seines Geldes und der Treuhänder geht leer aus. Investiert er alles, hat der Treuhänder danach 300% des Einsatzes, wovon er z. B. die Hälfte zurückgeben kann. In diesem Fall (dem Maximum des für beide erreichbaren Gewinns) erhält jeder 150% der Investition. Das Investieren beinhaltet jedoch auch das Risiko, dass der Treuhänder seinem Namen keine Ehre macht und das Geld behält. Dann hat der Investor nichts und der Treuhänder alles.

Wird nun dieses Spiel immer wieder gespielt (in der Studie von King-Casas insgesamt 10 Mal), entsteht eine Dynamik: Der Investor wird – Nash-Gleichgewicht hin oder her – vorsichtig investieren. Erhält er mehr als investiert zurück, lohnt sich die Investition also für ihn, er wird beim nächsten Mal mehr investieren und umgekehrt. Wie sich die Spieler verhalten, wird also davon abhängen, welche Erfahrungen sie miteinander in den Tauschtransaktionen zuvor gemacht haben und wie sie daraufhin über jeweils den anderen dachten. Es konnte sich mithin *gegenseitiges* Vertrauen aufbauen oder auch nicht.

Wie die Analyse der Verhaltensdaten von 48 interagierenden Paaren zeigte, trat genau dies ein: *Wie Du mir, so ich Dir,* lautet die einfache Formel (man spricht auch von *Reziprozität*), auf die sich das Verhalten der insgesamt 96 (!) Versuchspersonen bringen lässt. Abweichungen von dieser Strategie (Beispiel: ein Investor hat gegeben, wenig

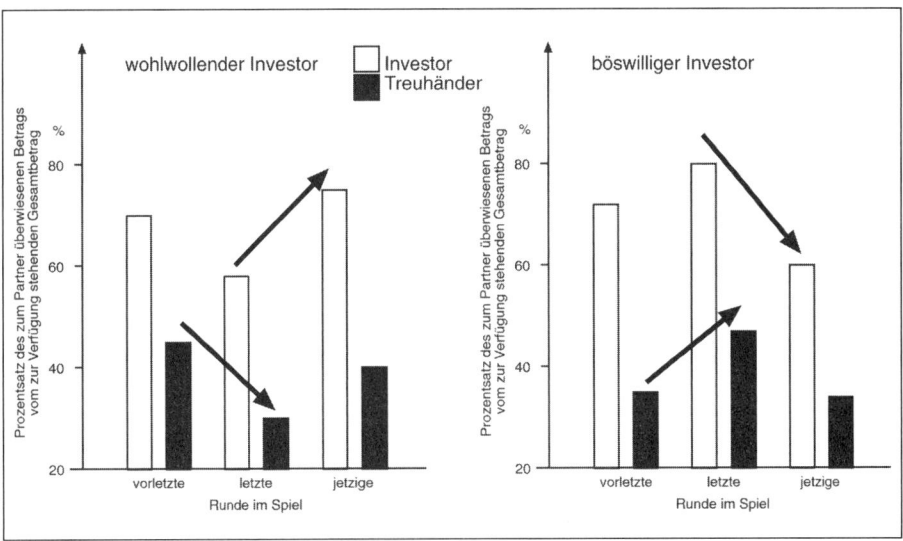

Abb. 3 Reziprozität bei mehrfachen Tauschgeschäften (5, S. 79). Es wurden jeweils die Auswirkungen der vorangegangenen beiden Tauschgeschäfte auf das nachfolgende Tauschgeschäft analysiert. Zuvor hatte man sämtliche 384 Tauschgeschäfte (8 × 48 = 384; die jeweils ersten beiden Austauschgeschäfte waren auf diese Weise nicht auswertbar) anhand ihrer unmittelbaren Vorgeschichte in 125 böswillige, 134 neutrale und 125 wohlwollende eingeteilt. Eine wohlwollende Investition ist also eine, bei welcher der Investor mehr als das letzte Mal investiert, obwohl der Treuhänder bei der letzten Rückzahlung weniger zurückgezahlt hat als bei der vorletzten. Umgekehrt investiert ein böswilliger Investor weniger als beim letzten Mal, obwohl der Treuhänder ihm beim letzten Mal mehr zurückgezahlt hat als beim vorletzten Mal.

zurückerhalten, dann weniger gegeben und noch weniger zurückerhalten und gibt dann *dennoch* wieder mehr) wirken als besonders starke Signale für den Treuhänder (vgl. Abb. 3). Schließlich ist dieser auf den Investor angewiesen, um überhaupt an Geld heranzukommen. Eine regressionsstatistisch definierte entsprechende Variable aus den letzten beiden Transaktionen erlaubte die Charakterisierung des Investors als wohlwollend, wenn er mehr investiert, als aufgrund der letzten beiden Transaktionen zu erwarten (vgl. erwähntes Beispiel), neutral oder böswillig (er investiert weniger, als aufgrund der letzten beiden Transaktionen zu erwarten).

Die Analyse der MR-Daten ergab folgendes: Verglich man beim Treuhänder die Aktivierung im Zeitfenster von 6 bis 10 Sekunden nach der Mitteilung der Art der Investition (wohlwollend versus böswillig), so zeigte sich in einer einzigen Gehirnregion, dem Kopf des Nucleus caudatus beidseitig eine signifikante Änderung. Wurde dieser Bereich dann als *region of interest* (ROI) definiert und eine entsprechende ROI-basierte Analyse der Daten durchgeführt, konnte eine signifikant höhere Aktivierung des Caudatus-Kopfs im Gehirn des Treuhänders bei wohlwollenden im Vergleich zu neutralen (p < 0,05) bzw. böswilligen (p < 0,005) Investitionen beobachtet werden (Abb. 4). Diese Aktivierung korrelierte mit der Absicht zu vertrauen, das heißt mit der Höhe von dessen nächster Rückzahlung.

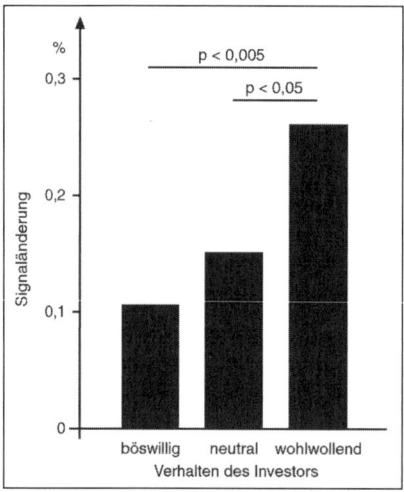

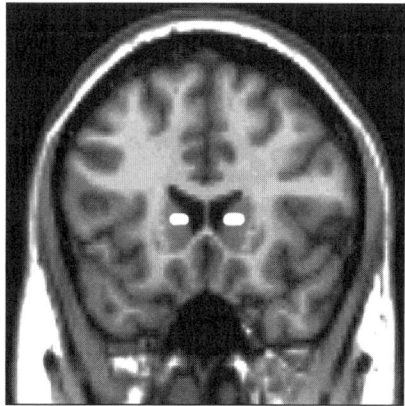

Abb. 4 Unten ist die signifikant stärkere Aktivierung im Kopf des Nucleus caudatus (NC) im Gehirn des Treuhänders im Zeitraum von 6 bis 10 Sekunden nach Kenntnisnahme der Investition (wohlwollend im Vergleich zu böswillig) abgebildet. Oben ist die Signaländerung im NC des Treuhänders bei böswilligen, neutralen und wohlwollenden Investitionen des Investors dargestellt. Die angegebenen Signifikanzberechnungen wurden mit einem zweiseitigen t-Test durchgeführt (5, S. 79).

Damit jedoch nicht genug. Weitere Analysen wurden mit den Daten aus beiden Gehirnen durchgeführt. Die Idee dahinter ist im Grunde ganz einfach: Wir sehen die Ausbildung von Vertrauen an Verhaltensänderungen (Reziprozität). Diese sind Ausdruck von Veränderungen neuronaler Repräsentationen. Und diese wiederum sollten direkt messbar sein (s. Zitat S. 49). Man bestimmte daher das Signal „Netto-Vertrauensabsicht" aus dem Blutfluss im Caudatus-Kopf (dessen hämodynamische Antwort), indem man die Scans nach der Rückzahlung sortierte (größer, kleiner oder unverändert *im Vergleich zur vorhergehenden* Rückzahlung). Daraus ließ sich die Differenz der Aktivierung vor mehr Rückzahlung minus vor weniger Rückzahlung berechnen, eben die Größe der „Netto-Vertrauensabsicht".

Dieses Signal wiederum ließ sich mit der Aktivierung anderer Bereiche sowohl im Gehirn des Treuhänders als auch im Gehirn des Investors korrelieren. So war der mittlere Gyrus cinguli (middle cingulate cortex, MCC) des Investors beim Investieren besonders aktiv, der anteriore Gyrus cinguli (anterior cingulate cortex, ACC) des Treuhänders hingegen bei der Mitteilung der Investition. Die Korrelation zwischen diesen Regionen lag bei etwa 0,8, wenn man die Signale aus dem Investor-Gehirn um 14 Sekunden zeitverzögert verwendete. Dies änderte sich nicht über den gesamten Verlauf der Tauschgeschäfte. Diese Signale (Investor-MCC und Treuhänder-ACC) haben vor allem etwas mit den grundlegenden Aspekten des Experiments – investieren und die Investition zur Kenntnis nehmen – zu tun.

Ganz anders war dies bei zwei weiteren berechneten Korrelationen. Sie änderten ihr zeitliches Maximum im Verlauf der Transaktionen. Der MCC des Investors korrelierte maximal ($r \approx 0{,}4$) mit dem Nucleus caudatus (NC) des Treuhänders zu Beginn der Transaktionen (während der Transaktionen 3 und 4) bei einer Zeitverzögerung von 18

Sekunden, am Ende (das heißt während der Transaktionen 7 und 8) hingegen bei einer Zeitverzögerung von nur noch 4 Sekunden. Nicht anders war es nur im Gehirn des Treuhänders mit der Korrelation zwischen dessen NC und dessen ACC: Zu Anfang war diese Korrelation ($r \approx 0,6$) am höchsten, wenn man die Aktivierung im ACC 4 Sekunden nach der Aktivierung im NC den Berechnungen zugrunde legte. Gegen Ende hingegen war die Korrelation zwischen ACC 10 Sekunden vor dem NC am größten.

Weitere Analysen machten Folgendes klar: Zu Beginn des Spiels *reagiert* der NC des Treuhänders auf die Investition. Es findet sich eine signifikant höhere Aktivierung vor zukünftigen erhöhten Rückzahlungen im Vergleich zu zukünftigen verminderten Rückzahlungen *10 Sekunden nach* der Bekanntgabe der Investition. Gegen Ende des Spiels agiert der NC des Treuhänders bereits vor der Investition. Die signifikant höhere Aktivierung vor zukünftigen erhöhten Rückzahlungen im Vergleich zu zukünftigen verminderten Rückzahlungen findet sich *4 Sekunden vor* der Bekanntgabe der Investition (Abb. 5).

Diese zeitliche Vorverlegung der Absicht des Treuhänders, mehr zurückzuzahlen, also dem Investor Vertrauen entgegenzubringen, lässt sich als Ausbildung von Vertrauen in den Investor interpretieren. Der Treuhänder reagiert nicht mehr, er agiert vielmehr aufgrund früherer Erfahrungen.

Dass er dies nicht grundlos tut, wurde in einem zusätzlichen Verhaltensexperiment nachgewiesen. Alles lief bei diesmal 21 Paaren von Versuchspersonen genauso ab wie

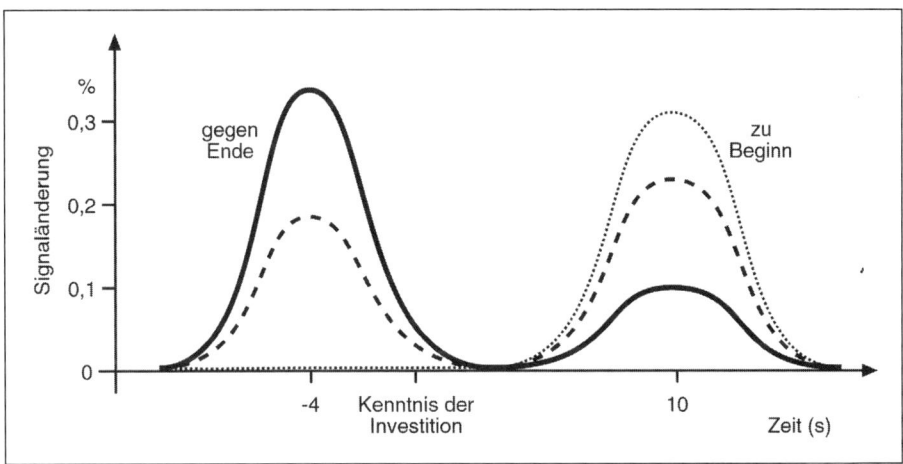

Abb. 5 Schematische Darstellung (5, S. 81) der Differenz der Aktivierung des Nucleus caudatus (NC) des Treuhänders bei (insgesamt 144) Durchgängen, in denen der Treuhänder seine nachfolgende Rückzahlung (um mehr als 5%) gesteigert hat, minus der Aktivierung vor (mehr als 5%) verminderter Rückzahlung im Verlauf des Spiels. Zu Beginn der Tauschgeschäfte (Durchgänge 3 und 4) reagierte der NC auf die Mitteilung der Investition mit 10 Sekunden Verzögerung (dünne gestrichelte Linie), wohingegen er am Ende (Durchgänge 7 und 8) seine „Meinung" (Vertrauensabsicht) bereits 4 Sekunden davor gebildet hatte (dicke durchgezogene Linie). Beide Aktivitätsspitzen waren signifikant. Während des Spiels verschiebt sich dies mit einer biphasischen (aber nicht signifikanten) Aktivierung (gestrichelte Linie). Man sieht deutlich die zeitliche Vorverlegung der Vertauensabsicht, d. h. der Absicht, mehr als beim letzten Mal zurückzuzahlen.

oben beschrieben, mit zwei Ausnahmen: Der Treuhänder musste die Höhe der nächsten Investition des Investors kurz vorher schätzen, und das Experiment fand nicht im Scanner statt, das heißt, es wurden nur Verhaltensdaten erhoben. Es zeigte sich, dass die Prognosen des Treuhänders im Verlauf des Spiels immer besser wurden (Abb. 6).

Man könnte nun einwenden, dass es sich bei dem untersuchten Phänomen um was auch immer, aber jedenfalls nicht um Vertrauen gehandelt hat. Schließlich sei ja nur *gespielt* worden. Man bedenke jedoch, dass es erstens gerade zum Wesen eines Experiments gehört, sich auf das Wesentliche zu konzentrieren, und die mathematische Spieltheorie gerade deshalb so erfolgreich war, weil sie dies im Hinblick auf Spiele tat, und dass zweitens auch der Volksmund davon spricht, dass jemand Vertrauen ver*spielt*.

Die Ergebnisse passen viel zu gut zum bereits vorhandenen Wissen über die Funktion der Basalganglien bei Lernprozessen, einschließlich dopaminerger Inputfasern aus dem Mittelhirn, als dass man sie als Artefakte verwerfen könnte. Schließlich haben unzählige Experimente an Ratten, Affen und Menschen gezeigt, dass es zu einer Aktivierung des Dopaminsystems und damit der Basalganglien bei einer unerwarteten Belohnung kommt (vgl. 15, S. 150). Wird diese Belohnung durch einen Reiz angezeigt, so verlagert sich die Aktivierung des Systems von der Belohnung auf den sie ankündigenden Reiz vor – nicht anders also als in der oben beschriebenen Studie.

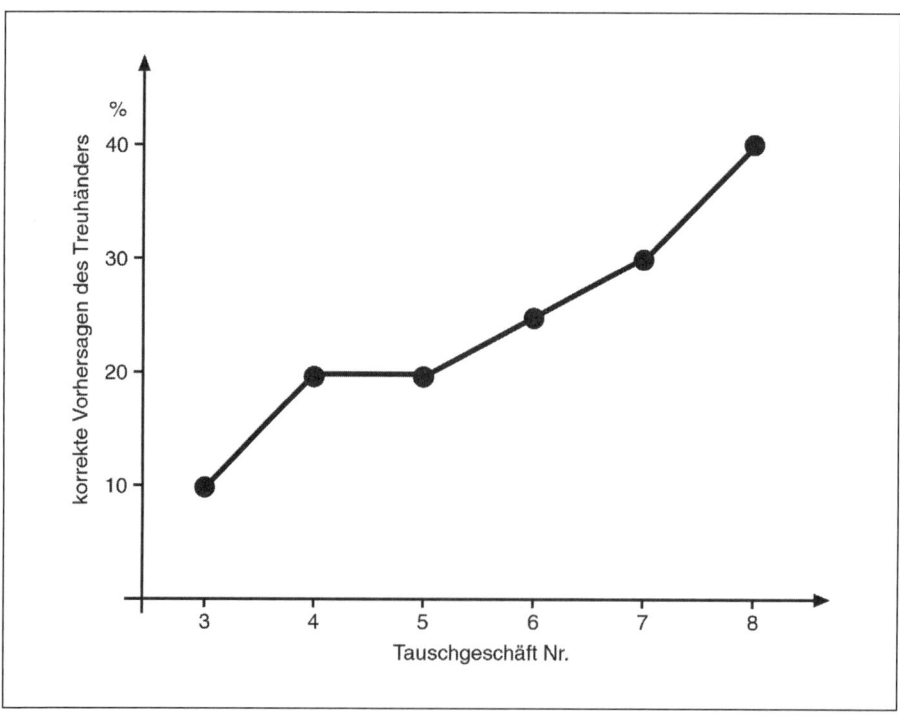

Abb. 6 Prozentualer Anteil der guten Voraussagen (definiert als innerhalb von plus oder minus einem Dollar des tatsächlichen Wertes) des Treuhänders im Hinblick auf die Höhe der nächsten Investition. Man sieht deutlich den Anstieg der richtigen Voraussagen des Verhaltens des Investors durch den Treuhänder.

Wenn aber selbst so komplexe Verhaltensweisen wie das Aufbauen von Vertrauen den gleichen „Gesetzen" folgen wie einfachere und weitaus besser verstandene Verhaltensweisen, dann lassen sich die bereits bekannten Prinzipien der neuronalen System-Organisation im Hinblick auf ihre Komplexität „hochskalieren". Anders ausgedrückt: Wir können aus Tierexperimenten mehr lernen, als wir noch vor wenigen Jahren für möglich gehalten hätten.

Es geht also in der Studie weder darum, dass Vertrauen im Gehirn sitzt (wo sonst?), noch dass man seinem Nucleus caudatus vertrauen soll. Dies alles greift zu kurz! Es geht vielmehr um die Aufklärung des Mechanismus und damit – im wahrsten Sinne des Wortes – um Aufklärung. Weg von Mythen, Meinungen und „blinden" Glaubensbekenntnissen und hin zu einem besseren Verständnis unserer selbst. Aus psychiatrischer Sicht sei nur angemerkt, dass dieses Verständnis, ebenso wie das Verständnis von Aufmerksamkeits- oder Emotionsregulation, zu einem besseren Verständnis psychischer Störungen führen sollte, die mit einem Verlust an Vertrauen einhergehen, wie etwa bei der Schizophrenie oder bei manchen Persönlichkeitsstörungen.

Schließlich sollte ein besseres Verständnis der Mechanismen der Entstehung von Vertrauen dazu beitragen können, das Ausmaß an Vertrauen in unserer Gesellschaft zu steigern. Hierbei geht es – wohlgemerkt – *nicht* um Manipulation, sondern um ein verbessertes Verständnis der Randbedingungen. Wenn ich weiß, dass ein Pflänzchen Wasser braucht, um zu wachsen, werde ich es gießen, wenn ich will, dass es wächst. Ich manipuliere es damit aber ebenso wenig, wie ich Menschen manipuliere, deren Vertrauen ich dadurch gewinne, dass ich es rechtfertige. Denn es sind gute Taten und deren verlässliche Vorhersagbarkeit, die Vertrauen hervorrufen.

Literatur

1. Edwards P (Hrsg). The Encyclopedia of Philosophy. Bd 7–8. New York, London: Macmillan & The Free Press 1967.
2. Fukuyama F. Trust: The social virtues and the creation of prosperity. New York: Free Press 1995.
3. Glimcher PW. Decisions, uncertainty, and the brain. The science of neuroeconomics. Cambridge: MIT Press 2003.
4. Hoffmeister J (Hrsg). Wörterbuch der philosophischen Begriffe. Hamburg: Felix Meiner 1955.
5. King-Casas B, Tomlin D, Anen Cedric, Camerer CF, Quartz SR, Montague R. Getting to know you: Reputation and trust in a two-person economic exchange. Science 2005; 308: 78–83.
6. Krings H, Baumgartner HM, Wild C (Hrsg). Handbuch philosophischer Grundbegriffe. Bd 6. München: Kösel 1974.
7. Miller G. Economic game shows how the brain builds trust. Science 2005; 308: 36.
8. Mittelstraß J (Hrsg). Enzyklopädie Philosophie und Wissenschaftstheorie. Bd 4. Stuttgart, Weimar: JB Metzler 1996.
9. Montague PR, Berns GS, Cohen JD, McClure SM, Pagnoni G, Dhamala M, Wiest MC, Karpov I, King RD, Apple N, Fisher RE. Hyperscanning: Simultaneous fMRI during linked social interactions. NeuroImage 2002; 16: 1159–64.
10. Montague PR, Berns GS. Neural economics and the biological substrates of valuation. Neuron 2003; 36: 265–84.
11. Müller M, Halder A (Hrsg). Kleines philosophisches Wörterbuch., 6. Aufl. Freiburg: Herder 1977.

12. O'Hara K. Trust. From Socrates to spin. Duxford, UK: Icon Books 2004.
13. Spitzer M, Casas B. Project for a scientific psychopathology. Curr Opin Psychiatr 1997; 10: 395–401.
14. Spitzer M. Musik im Kopf. Stuttgart: Schattauer Verlag 2002.
15. Spitzer M. Selbstbestimmen. Heidelberg: Spektrum Akademischer Verlag 2003.
16. Spitzer M. Neuroökonomie. Nervenheilkunde 2003: 22: 325–7.
17. Spitzer M. Soziale Neurowissenschaft (Editorial). Nervenheilkunde 2004; 23: 1–4.
18. Whitney JO. The trust factor. New York: McGraw-Hill 1994.

Epilog: Houston, wir haben da ein Problem

Wissenschaftliche Arbeiten lesen sich oft sehr glatt und einfach. Man vergisst dabei, wie viele Teufelchen in wie vielen Details stecken können. Dass dies beim Hyperscanning auch der Fall ist, erfuhren meine Mitarbeiter und ich im Herbst 2005 hautnah, denn wir führten die ersten transatlantischen Hyperscanning-Experimente durch.

Brooks King-Casas hatte sich bereits vor der Publikation seiner Arbeit in der Zeitschrift Science per E-Mail an mich mit der Frage gewandt, ob man nicht einmal versuchen könnte, Experimente zur Entstehung von Vertrauen in transkulturellem Zusammenhang durchzuführen. Er habe auch Kontakte mit einer Arbeitsgruppe in Hong Kong aufgenommen, sodass man bei entsprechender Planung die Reaktionen der Menschen in drei Kulturkreisen – USA, Deutschland und China – vergleichen könnte.

Ich hatte nichts dagegen, und so vereinbarten wir einen Besuch von Brooks und seinem Mitarbeiter, Jason White, in Ulm. Wie immer bei wirklich interessanten und neuen Ideen wollten wir nicht lange fackeln, Anträge schreiben etc. Nein: Die Flüge übernahmen die Gäste (sie hatten noch Gelder übrig), und den Aufenthalt in Ulm übernahm ich (die beiden übernachteten bei mir zu Hause). So funktioniert Wissenschaftsfinanzierung.

Sie kamen und machten sich sofort an die Arbeit: Es gab Software zu installieren, Prozeduren anzugleichen, Hardware auszuprobieren, Verbindungen aufzubauen etc. Dann war es soweit: Der erste Proband sollte in Ulm im Scanner liegen, zeitgleich mit einer Versuchsperson in Houston, Texas, und beide sollten sich dann – via den auf Seite 50 ff. beschriebenen wiederholten finanziellen Transaktionen – kennen lernen. Alle waren sehr gespannt, eine Flasche Sekt stand kühl, denn wir wollten es feiern, wenn weltweit zum ersten Mal transatlantische Vertrauensbildung mit den Methoden der Gehirnforschung in zwei parallel laufenden und aus einer Hand gesteuerten MR-Tomographen untersucht wird. Wir hatten nicht nur über das Internet permanent Verbindung mit Houston, sondern auch via Telefon, denn dort gab es Hardwareprobleme, säumige Versuchspersonen und zu allem Überfluss gleichzeitige Aktivitäten mit Hong Kong. So kann es kommen, dass ein Verkehrsstau in Hong Kong über die Verzögerung eines Experiments in Texas die Gehirnforschung in Ulm behindert.

Und natürlich gilt Murphy's Law: *If anything can go wrong, it will.*

Um es kurz zu machen: Der erste Proband lag etwa 2 Stunden in unserer Röhre und ging dann unverrichteter Dinge wieder nach Hause, denn es hatte Probleme gegeben. In Houston.

Am nächsten Tag wurde ge-debuggt (auf Deutsch: Es wurden Fehler identifiziert und behoben), gemailt, telefoniert und erneut probiert. Diesmal mit Erfolg. Und von den gut zwanzig in den nächsten Tagen durchgeführten Experimenten gingen tatsächlich die meisten gut. Es war schwieriger als gedacht (wie fast immer in der Wissenschaft), aber nicht unmöglich. Weitere Durchgänge stehen an. Ich bin gespannt, ob man sich weltweit – auch im Gehirn – auf gleiche Weise vertraut!

Vertrauen schnuppern

Im vorherigen Beitrag war von Vertrauen die Rede. Wie wichtig diese menschliche Fähigkeit ist und wie intensiv sich die Forschung darum kümmert, kann man daran ermessen, dass nur zwei Monate nach Erscheinen der Arbeit von King-Casas eine weitere bedeutsame Arbeit zur Neurobiologie des Vertrauens in der renommierten Zeitschrift *Nature* erschien (5). Wenn ein am Züricher Institut für empirische Wirtschaftsforschung arbeitender Mathematiker – Michael Kosfeld – eine Arbeit über die sozialpsychologischen Auswirkungen eines aus der Gynäkologie bekannten Hormons publiziert, dürfte auch dem letzten Skeptiker klar werden, dass man beim Verständnis des Menschen vor allem dann weiter kommt, wenn man Grenzen überschreitet und im besten Sinne des Wortes interdisziplinär arbeitet.

Vertrauen ist ein Sachverhalt, der bislang in den Bereich der Psychologie und Soziologie fiel und erst jüngst in den Blickwinkel der Neurobiologie geraten ist (vgl. 4; Zusammenfassung im vorherigen Beitrag, S. 54 f.). Man untersuchte es erneut mit den Methoden der experimentellen Mikroökonomie: Ein Investor konnte einen Betrag von 0 bis 4 Euro (in Schritten von 25 Cents) an einen Treuhänder überweisen. Dieser Betrag wurde verdreifacht und dem Treuhänder gegeben, der seinerseits irgendeinen Teil davon zurücksenden konnte. Beide Partner spielten nur einmal miteinander, jeder Investor hatte jedoch 4 Mal die Möglichkeit, eine Investition (in jeweils einen anderen Treuhänder) zu tätigen.

Vorher mussten Investor und Treuhänder jeweils ein Nasenspray anwenden, das entweder das Hormon Oxytozin (drei Hübe pro Nasenloch mit insgesamt 24 IU Oxytozin) enthielt oder nicht. Die Studie war also Placebo-kontrolliert. Wie kommt man auf eine solche Idee?

Oxytozin ist ein Hormon, das man aus der Geburtshilfe kennt: Nach der Geburt wird es bei Frauen ausgeschüttet, wenn der kleine, neue Erdenbürger an der Brustwarze saugt. Dies setzt Oxytozin frei, was wiederum für den Milcheinschuss sorgt und die Gebärmutter zusammenziehen lässt (was sehr praktisch ist, wenn sie noch aufgrund der gerade abgelaufenen Geburt blutet). Seit einigen Jahren weiß man zudem, dass Oxytozin auch zu Bindungs- und Lernprozessen beiträgt und neben der Milch und der Blutstillung drittens dafür sorgt, dass sich die Mutter in den kleinen Wicht unsterblich verliebt, was ihm wahrscheinlich während der nächsten Wochen und Monate das Leben rettet (1, 2, 3, 6). Oxytozin wird übrigens sogar auch bei Männern ausgeschüttet, bei Körperkontakt und vor allem beim sexuellen Höhepunkt, was ebenfalls soziale Lernprozesse vermitteln dürfte und damit letztlich für eine tragfähige und fürsorgliche Gemeinschaft sorgt.

Das Experiment wurde durchgeführt, um die Rolle von Oxytozin bei Verhaltensweisen, die Vertrauen erfordern, aufzuklären. Es zeigte sich, dass die Investoren den

Treuhändern deutlich mehr Geld anvertrauten, wenn sie zuvor Oxytozin per Nasenspray erhalten hatten (Abb. 1).

Woran liegt dieses unterschiedliche Investitionsverhalten? – Eine ganze Reihe von Erklärungen ist möglich, und es ist das Verdienst der Autoren, dass sie durch geschicktes Vorgehen hier für etwas Klarheit sorgen konnten. Die erste dem Mediziner nahe liegende Überlegung besteht darin, dass das Hormon in irgendeiner Weise psychotrop wirken könnte. Wenn Oxytozin also „high" macht, dann würde man sich nicht wundern, wenn es auch das Investitionsverhalten ändert. In diesem Fall wäre der Befund allerdings auch wenig spektakulär, investieren doch die Leute auch in Spielbanken gerne mehr, wenn sie etwas getrunken haben, weswegen man an solchen Orten ja auch alkoholische Getränke günstig oder sogar gratis erhält. Die Ergebnisse von Selbstbeurteilungen mittels der Befindlichkeitsskala zeigten jedoch eindeutig, dass es hier nicht um psychotrope Effekte ging: In keiner der Befindlichkeitsvariablen zeigte sich zwischen Oxytozin und Plazebo ein Unterschied.

Konnte es sein, dass Oxytozin, wenn es schon nicht „high" macht, so doch vielleicht die Risikobereitschaft veränderte? – Um diese Frage zu beantworten, wurde ein weiteres Experiment, diesmal an insgesamt 61 Probanden durchgeführt. Sie spielten das gleiche Spiel, allerdings gegen einen Computer. Dieser war so programmiert, dass er sich genau so verhielt wie die Treuhänder aus dem ersten Experiment, das heißt, dass es im Prinzip keinen Unterschied machte, ob man gegen einen Computer spielte: Das Ergebnis war das Gleiche. Dennoch verhielten sich die Probanden jetzt ganz anders (Abb. 2). Das Investitionsverhalten unter Oxytozin war jetzt nicht anders als unter Plazebo!

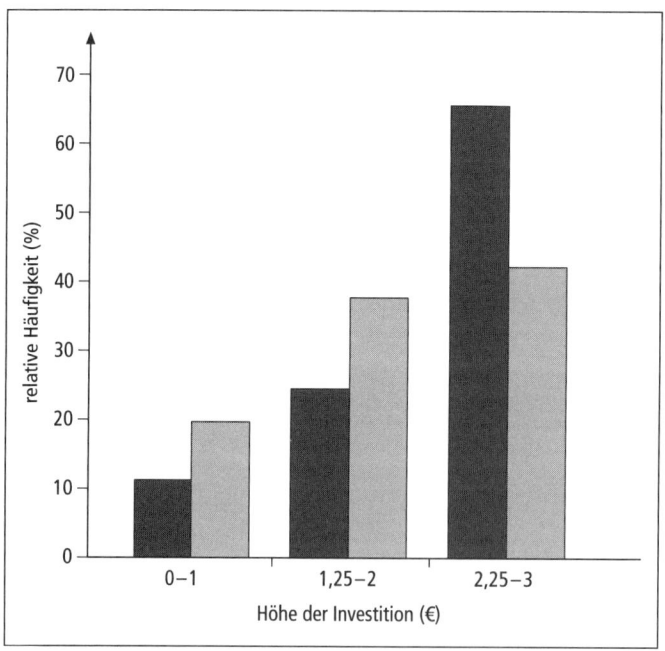

Abb. 1 Relative Häufigkeit unterschiedlich hoher Investitionen, gruppiert in kleine (bis zu 1 Euro), mittlere (mehr als 1 bis zu 2 Euro) und hohe (mehr als 2 bis zu 3 Euro) beim Vertrauensspiel unter Oxytozin (schwarze Säulen) und Plazebo (graue Säulen). Unter Oxytozin waren die Investitionen signifikant höher (Daten von 29 Probanden pro Gruppe; berechnet nach 5, Abb. 2a).

Das Ergebnis lässt sich dahingehend interpretieren, dass Oxytozin das Risikoverhalten der Probanden nicht verändert. Wäre dies der Fall, würden sie auch beim Computer mehr investieren, also ein größeres Risiko eingehen. Dies ist jedoch nicht der Fall.

Beim Vertrauen geht es ganz offensichtlich um die Beziehung zwischen *Menschen*, nicht um Computer.

Nun könnte man noch einwenden, dass Oxytozin nicht speziell Vertrauen, sondern allgemeiner prosoziales Verhalten induziert. Kurz: Man ist netter unter dem Einfluss von Oxytozin-Nasenspray. Um diese Hypothese zu testen, wurde letztlich – wie oben bereits vermerkt – auch den Treuhändern das Nasenspray Plazebo-kontrolliert verabreicht. Deren Verhalten – sie geben etwas von dem, was sie erhalten haben, zurück – sollte sich unter Oxytozin ändern, wenn das Hormon „Nettigkeit" (ein anderes Wort für „prosoziales Verhalten") fördert. Dem war jedoch nicht so: Die Treuhänder verhielten sich unter Oxytozin genau so wie unter Plazebo. Damit ist insgesamt gezeigt, dass Oxytozin beim Investor ganz spezifisch die Bereitschaft zu steigern scheint, einem anderen Menschen Vertrauen entgegenzubringen.

Was folgt? – Sollten die Sparkassen oder Volksbanken mit ihren Klimaanlagen Oxytozin vernebeln, um Profite zu steigern? Oder sollten Discotheken „Love is in the air" nicht nur akustisch abspielen, sondern viel aktiver umsetzen?

Was auch immer die Zukunft bringt (die Vergangenheit und die Literatur sind voll von Geschichten zu Liebestränken), ich denke nicht, dass in naher Zukunft mit unmittelbaren Anwendungen zu rechnen ist. Eines macht die Studie jedoch erneut sehr deutlich: Neurowissenschaft zieht immer weitere Kreise und wird als Neuroökonomie (7) und soziale Neurowissenschaft (8) zu einer interdisziplinären Unternehmung im

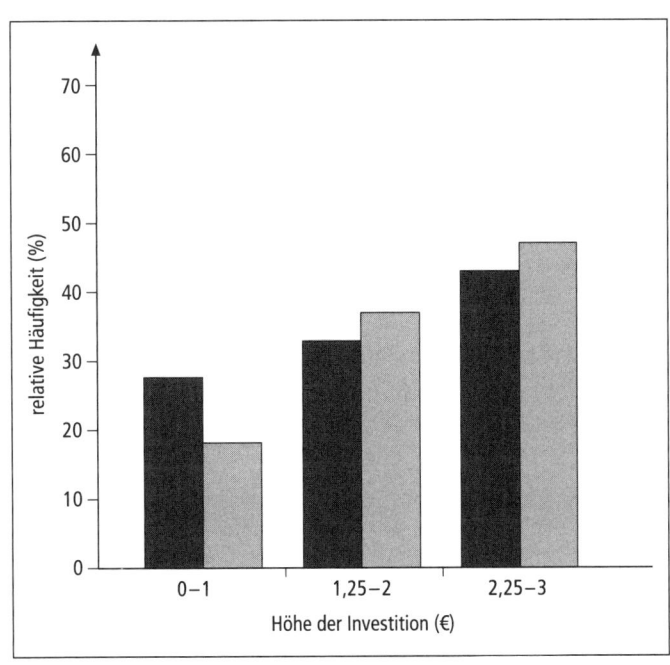

Abb. 2 Relative Häufigkeit unterschiedlich hoher Investitionen, gruppiert wie in Abbildung 1 in kleine, mittlere und hohe, beim Vertrauensspiel unter Oxytozin (schwarze Säulen) und Plazebo (graue Säulen) gegen einen Computer. Oxytozin hatte keinen Einfluss auf die Höhe der Investition (Daten von 31 Probanden der Oxytozingruppe und 30 Probanden der Plazebogruppe; berechnet nach 5, Abb. 2b).

besten Sinne des Wortes: Es geht darum, wie Menschen bewerten, entscheiden, denken und – ganz allgemein – miteinander umgehen. Neurowissenschaft hilft somit, uns besser zu verstehen. Was können wir mehr wollen?

Literatur

1. Huber D, Pierre V, Ron S. Vasopressin and oxytocin excite distinct neuronal populations in the central amygdala. Science 2005; 308: 245–8.
2. Insel TR, Young LJ. The neurobiology of attachment. Nature Reviews Neuroscience 2001; 2: 129–36.
3. Insel TR, Shapiro LE. Oxytocin receptor distribution reflects social organization in monogamous and polygamous voles. Proc Natl Acad Sci USA 2004; 89: 5981–5.
4. King-Casas B, Tomlin D, Anen Cedric, Camerer CF, Quartz SR, Montague R. Getting to know you: reputation and trust in a two-person economic exchange. Science 2005; 308: 78–83.
5. Kosfeld M, Heinrichs M, Zak PJ, Fischbacher U, Fehr E. Oxytocin increases trust in humans. Nature 2005; 435: 673–6.
6. Landgraf R, Neumann ID. Vasopressin and oxytocin release within the brain: a dynamic concept of multiple and variable modes of neuropeptide communication. Front Neuroendocrinol 2004; 25: 150–76.
7. Spitzer M. Neuroökonomie. Nervenheilkunde 2003; 22: 325–7.
8. Spitzer M. Soziale Neurowissenschaft. Nervenheilkunde 2004; 23: 1–4.

Arbeiten und Einkaufen – bis zum Umfallen?

Max Weber und Materialismus, Affektregulation und Krankheit[1]

Geld regiert die Welt – hieß es schon zu Zeiten meiner Kindheit, und wenn sich seither etwas geändert hat, dann ist es die Selbstverständlichkeit, mit der dieser Satz akzeptiert wird. Wir leben in einer Konsumgesellschaft: Bei Konsumzurückhaltung der Bevölkerung geraten wir in wirtschaftliche Schwierigkeiten; die Konsum-Marke *Coca-Cola* ist bekannter als *Jesus Christus*; man spaziert heute nicht mehr in Wald und Feld, sondern in Einkaufsmeilen und Shopping-Malls; und wenn wir dann wieder zu Hause sind und vor dem Fernseher oder am Computer sitzen, dann werden wir von Werbung geradezu bombardiert, dauernd, auch wenn wir es nicht wollen. Die Anzahl der im deutschen Fernsehen ausgestrahlten Werbespots hat sich in den Jahren 1986 bis 2000 verzehnfacht (22). „*Shopping 'til we drop*" heißt die Devise (16), nicht nur jenseits des Großen Teichs. Und es ist nur noch eine Frage der Zeit, bis man auch hierzulande nachts und sonntags und überhaupt 24 Stunden am Tag, 365 Tage im Jahr, einkaufen kann. Und selbst wenn es einmal nicht um das Einkaufen geht, sondern beispielsweise um eine psychiatrische Behandlung, hat die Konsum-Kultur längst zugeschlagen: Unsere Patienten heißen in den USA „mental health care *consumers*" und eben nicht mehr Patienten. Sie bezeichnen sich also als Konsumenten und finden das auch noch gut so. Kurz: Vom Aufwachen bis zum Einschlafen, von der Wiege bis zur Bahre, beherrscht der Konsum und die damit verbundene materialistische Lebenseinstellung unser Dasein – warum eigentlich?

In seiner Schrift *Die Protestantische Ethik und der Geist des Kapitalismus*, deren Erscheinen sich 2005 zum hundertsten Male jährte, beantwortete Max Weber (24) diese Frage etwa wie folgt: Die Wurzeln des materiellen Strebens liegen in der protestantischen Religion, im Calvinismus, um genau zu sein. Der Reformator Calvin hatte u. a. die Auffassung vertreten, dass Gott das Schicksal jedes einzelnen Menschen schon vor dessen Leben entschieden hat (Prädestinationslehre). Da der Mensch aber nicht wissen kann, wie sein Schicksal aussieht, sucht er nach Zeichen, die ihm dennoch sagen, wie es um ihn bestellt ist. Weil das Leben der Menschen vor allem durch ihr Erwerbsleben geprägt ist, zeigt sich das Schicksal des Einzelnen an dessen wirtschaftlichem Erfolg. Wer viel arbeitet und wirtschaftlichen Erfolg hat, könne daran halbwegs klar ablesen, dass es der Herr nicht schlecht mit ihm gemeint hat. Wenn dies jedoch so ist, dann kann man durch Arbeit (und die Anhäufung von deren Früchten, dem Kapital) sich und anderen „beweisen", dass Gott es gut mit einem meint. Nach Weber genügt es, dass dieser Prozess einmal in Gang gesetzt wurde. Ist erst einmal Kapital durch (protestantisch-asketischen) Konsumverzicht gebildet, läuft der Kapitalismus als Prozess dann von allein weiter, auch ohne Protestantismus (15).

---

1 Ich möchte Herrn Dr. Claus Wendt ganz herzlich für Hinweise und Kritik danken.

Webers Diskussion der Frage nach der Entstehung des Gewinnstrebens (und damit des Kapitalismus) blieb keineswegs unwidersprochen. „*Seine Antwort – dass es sich bei Leuten wie Donald Trump letztlich um die geistigen Erben von Martin Luther handelt – gehört wahrscheinlich bis heute zu den perversesten*" kommentiert beispielsweise Kolbert (14, S. 154; Übersetzung durch den Autor) in ihrem Weber-Jubiläums-Aufsatz *Why Work?*.

Diese Behauptung einer direkten Linie zwischen Luther und Trump übersieht jedoch, dass der Konsumverzicht gerade das zentrale Element der protestantischen Ethik war. Die Puritaner mussten wieder investieren, da sie ihr Geld nicht verprassen durften. Oder anders formuliert: Beim Kapitalismus geht es um Reinvestition, nicht primär um Konsum. Der Unterschied zwischen dem protestantischen Geist und seiner heutigen Realität könnte wohl kaum größer sein.

Waren Arbeit und Konsum für nahezu ein Jahrhundert Gegenstand von Ökonomie oder Soziologie (zu deren Etablierung Weber wesentlich beigetragen hat), so haben sich in der jüngeren Vergangenheit zunehmend Psychologen (12) und sogar Neurowissenschaftler (2, 6) diesen Problemkreisen angenommen. Waren Psychologen traditionell eher auf das Individuum fokussiert und *eher nicht* auf gesellschaftliche Tatbestände (12), so änderte sich dies jüngst nicht zuletzt mit dem Aufkommen der sozialen Neurowissenschaft (9, 21).

Warum also arbeiten die Leute? Und vor allem: Warum arbeiten sie mehr, als sie müssten, wenn es nur um ihren Lebensunterhalt ginge? – Weil sie mehr einkaufen wollen, als sie wirklich brauchen, lautet die Antwort der Ökonomen. Dies wiederum wirft die Frage auf, warum sich Menschen so eigenartig verhalten. Und hier – wie immer, wenn es um eigenartiges Verhalten geht – kommt der Psychiater ins Spiel.

Für den klinisch erfahrenen Psychiater ist Konsum nicht nur ein ökonomischer, sondern auch ein psychopathologischer Sachverhalt: Unmotiviertes heftiges Geldausgeben ist ein Symptom der Manie, Geiz dagegen ist Zeichen von Zwang, einem engen Verwandten der Depression. Der Zusammenhang zwischen Arbeiten, Einkaufen und Affekt erscheint damit zunächst sehr einfach: Kaufen ist mit positivem Affekt, Nicht-Kaufen mit negativem Affekt verknüpft. Hierzu passen die Befunde, dass Arbeitslosigkeit mit Depression einhergeht (17) bzw. ganz allgemein, dass wirtschaftliche und gesundheitliche Probleme beim Menschen Hand in Hand gehen (4, 8, 10, 13, 18, 23, 26).

Auch die Daten zur wirtschaftlichen Entwicklung einzelner Staaten einerseits und zur Lebenserwartung der Bevölkerung in diesen Staaten andererseits passen in dieses Bild: Armut führt zu Krankheit und Tod, wohingegen Reichtum und Gesundheit korrelieren. Die Japaner, Europäer und Nordamerikaner sind reich und haben die höchste Lebenserwartung, wohingegen viele Afrikaner und Asiaten arm sind und eine niedrige Lebenserwartung aufweisen.

Dummerweise zeigt schon der vom Volksmund geprägte Ausdruck *Frustkauf*, dass die Dinge nicht so einfach liegen können. Wir kaufen zuweilen *gerade deswegen*, weil es uns schlecht geht. Einen weiteren Hinweis auf die komplexen Zusammenhänge zwischen Wirtschaft und Gesundheit liefern auch die Daten einer amerikanischen Studie von Eyer und Mitarbeitern (7) zur Sterblichkeit und den wirtschaftlichen Verhältnissen, die sich auf die Jahre 1870 bis 1975 bezieht (Abb. 1): In Zeiten wirtschaftlichen Aufschwungs nimmt die allgemeine Sterblichkeit zu, bei wirtschaftlicher Depression hingegen nimmt die Sterberate ab.

Ganz besonders eindrucksvoll ist die Datenlage für die Zeit der Weltwirtschaftskrise der Jahre 1929 bis 1932 mit bis zu 25 % Arbeitslosen und wenig Toten. Betrachtet man umgekehrt die Todesursachen in Zeiten des wirtschaftlichen Aufschwungs im Einzelnen, so reichen sie von Infektionskrankheiten über Unfälle bis hin zu Herz-Kreislauferkrankungen, Krebserkrankungen und Leberzirrhose. Waren also früher der vermehrte Alkoholkonsum und die sich verschlechternden Lebensbedingungen der Arbeiter bei Wirtschaftsaufschwüngen für den in Abbildung 1 dargestellten Zusammenhang verantwortlich, so liegt heutzutage der Schwerpunkt der Belastungen eher auf psychologischen Stressfaktoren, die sich am kürzesten mit 1. zu viel Arbeit und 2. zu wenig Gemeinschaft charakterisieren lassen. Hierzu passt, dass die Sterberate bei Städtern ganz allgemein höher liegt als bei Menschen, die auf dem Lande leben (19), und dass das Pro-Kopf-Bruttosozialprodukt nur im unteren Bereich mit der Lebenserwartung korreliert. Die Griechen leben etwa so lange wie die Amerikaner – bei deutlich geringerem Pro-Kopf-Bruttosozialprodukt; und die Schweden leben länger bei noch immer etwas geringerem Pro-Kopf-Bruttosozialprodukt (Abb. 2).

Es ist eine Sache, einen ganz allgemeinen Zusammenhang anhand von Daten zu einer Population zu vermuten, eine andere hingegen, diesen Zusammenhang anhand von Daten, die an einzelnen Menschen erhoben wurden und beide Sachverhalte betreffen, zu zeigen. Genau dies taten Westerlund und Mitarbeiter (24), die im Rahmen einer empirischen Untersuchung an 24 036 zufällig ausgewählten Personen der arbeitenden Bevölkerung der Frage nachgingen, wie sich Veränderungen am Arbeitsplatz langfristig auf den Gesundheitszustand auswirken. Die Veränderungen trugen sich im Rah-

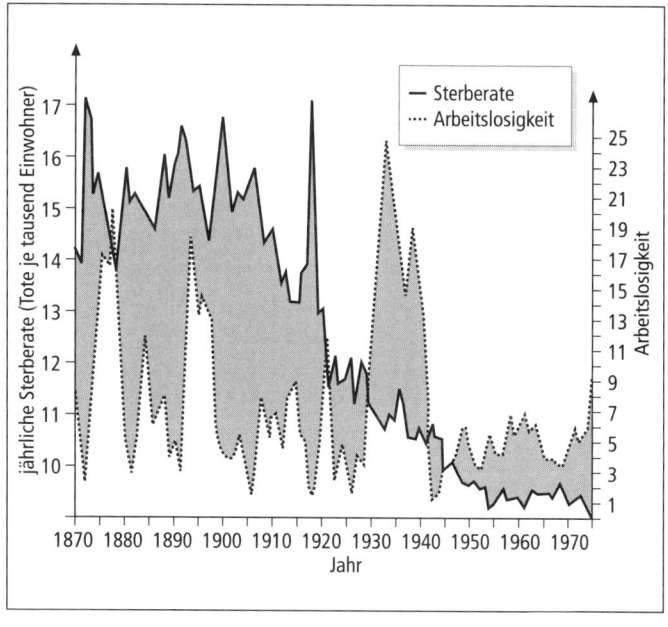

Abb. 1 Sterberate (Anzahl der jährlich je 1 000 Einwohner verstorbenen Menschen [dicke durchgezogene Linie]) und Arbeitslosenquote (dünne gestrichelte Linie) in den USA in den Jahren 1870 bis 1975 (7, S. 126). Von den 24 Maxima der Kurve der Sterberate liegen 12 genau in dem Jahr, wo die Arbeitslosenquote ihr Minimum hat, und fünf weitere im Jahr davor oder im Jahr danach. Lediglich in zwei Fällen fällt ein Maximum der Sterberate mit einem Maximum der Arbeitslosigkeit zusammen.

Demographisch	
Geschlecht:	männlich (−3), weiblich (+4)
Alter:	30–50 Jahre (+2), 51–70 Jahre (+4)
Lebensraum:	Großstadt über 2 Mio. Einw. (−2), Kleinstadt unter 10 000 Einw. (+2)
Lebensgemeinschaft:	mit Partner (+5), allein lebend (−3); und weitere (−3) für jedes Jahrzehnt, das Sie seit dem 25. Lebensjahr allein gelebt haben.

Medizisch	
Großeltern:	einer über 85 (+2); oder alle 4 über 80 (+6)
Eltern:	einer verstarb an Herz-Kreislauferkrankungen oder Schlaganfall vor dem 50. Lebensjahr (−4)
Geschwister	oder ein Elternteil: hat Krebs oder KHK oder juvenilen Diabetes (−3)
Sport:	30 Min. 5 mal wöchentlich (+4) bzw. 2–3 mal (+2)
Jährliche Vorsorgeuntersuchung:	ja (+2)
Persönlichkeit:	locker (+3), angespannt (−3); glücklich (+1), unglücklich (−2)

Wirtschaftlich/Konsum	
Jahresverdienst:	über 50 000 Euro (−2)
Schulabschluss:	Abitur (+1), Universitätsabschluss (+2)
Arbeit:	mit 65 noch immer (+3); am Schreibtisch (−3), körperlich hart (+3)
Autofahren:	Geschwindigkeitsübertretung im letzten Jahr (−1)
Alkohol:	ein Drink am Tag (−1)
Nikotin:	mehr als zwei Päckchen (−8), ein bis zwei Päckchen (−6) oder ein halbes bis ein Päckchen (−3) Zigaretten täglich
Übergewicht:	mehr als 25 kg (−8), 15 bis 25 kg (−4) oder 5 bis 15 kg (−2)

Abb. 2 Test: Wie lange werden Sie leben? (19, S. 149). Es hängt von demographischen, medizinischen und zu einem nicht geringen Teil von wirtschaftlichen Faktoren ab, wie die Lebensversicherer wissen. Deren Statistiken liegen diesem kleinen Test zugrunde, den jeder mit sich selbst durchführen kann. Sie beginnen mit der Zahl 76, die ihrer Lebenserwartung entspricht, wenn man gar nichts weiß, und modifizieren diese Zahl dann entsprechend den auf Sie zutreffenden Angaben. Wenn Sie also beispielsweise ein Mann sind, dann können sie schon mal 3 Jahre von den 76 abziehen, sind sie über 50, dann können Sie vier Jahre hinzufügen etc.

men der wirtschaftlichen Entwicklung in Schweden vom Ende der 80er- bis Ende der 90er-Jahre zu: Firmen entließen Mitarbeiter, um sich gesund zu schrumpfen. Machte dies die verbliebenen Mitarbeiter krank?

Um diese Frage zu beantworten, erfasste man den auf chronische Erkrankungen zurückgehenden Krankenstand (Abwesenheit von 90 Tagen und mehr) sowie die Krankenhausaufnahmen der Mitarbeiter in den Jahren 1997 bis 1999. Diese Daten wurden dann mit personellen Veränderungen in der Firma in den Jahren 1991 bis 1996 in Verbindung gebracht. Als moderate bzw. starke Schrumpfung wurde eine Reduktion des Personals um 8 % bis 18 % bzw. um 18 % oder mehr definiert; entsprechend wurde von moderater oder starker Expansion ab 8 bzw. 18 % mehr Personal (jeweils bezogen auf ein Jahr) gesprochen. Änderte sich das Personal in einem Jahr um weniger als 8 % nach oben oder unten, wurde dies als konstante Personaldecke definiert. Man fand auf diese Weise, dass eine starke Expansion (> 18 % im Jahr) mit dem vermehrten Auftreten chronischer Krankheit (p = 0,013) und einer vermehrten Anzahl von Krankenhausaufnahmen (p = 0,017) jeweils signifikant korreliert war. Eine moderate Schrumpfung (um 8 bis 18 % jährlich) korrelierte ebenfalls mit dem vermehrten Auftreten chronischer Krankheit signifikant (p = 0,003). Andererseits war eine moderate Expansion der Personaldecke mit einer geringeren Anzahl von Krankenhausaufnahmen (als Hinweis für mehr Gesundheit) signifikant verknüpft (p = 0,012). *„Unsere Befunde könnten auch durch Abwesenheitsverhalten erklärt werden. In schrumpfenden Organisationen haben die Leute Angst, krank zu feiern, selbst wenn sie krank sind. Damit wären unsere Messungen des Krankenstandes in Frage gestellt. Man könnte sogar umgekehrt argumentieren, dass es in expandierenden Organisationen den Arbeitnehmern vergleichsweise sicherer erscheinen mag, krank zu feiern. Diese Effekte sollten sich jedoch vor allem auf kurzfristige Abwesenheiten auswirken. Die hier gemessene langfristige Abwesenheit sollte demgegenüber ein robusteres Maß für wirkliche Krankheit darstellen"* kommentieren Westerlund und Mitarbeiter (25, S. 1196; Übersetzung durch den Autor), diskutieren also durchaus andere Interpretationsmöglichkeiten für ihre Daten. Der Zusammenhang zwischen moderater Expansion und besserer Gesundheit wird von den Autoren wie folgt bewertet:

„Sowohl die Sicherheit des Arbeitsplatzes als auch die Befriedigung (Belohnung) durch die Arbeit sollten größer sein in erfolgreichen Firmen, die eine moderate Expansion hinter sich haben (…), die nicht so groß war, als dass sie die unterstützenden Netzwerke zerstört oder die Anforderungen wesentlich verstärkt hätte. Bereits vorhandene Studien zeigen, dass sowohl die Sicherheit des Arbeitsplatzes als auch die Befriedigung durch die Arbeit mit guter Gesundheit korreliert sind" (25, S. 1196; Übersetzung durch den Autor).

Die Ergebnisse sind also mit denen von Eyer (7) durchaus kompatibel. Sie zeigen einerseits, dass nicht so sehr der absolute Verdienst, sondern vielmehr komplexe Umstände des geordneten Wachstums mit Gesundheit in Verbindung stehen. Dass die Umstände von Schrumpfung der Gesundheit abträglich sind, ist plausibel und gut dokumentiert (siehe oben). Dass die Umstände starker Expansion mit Krankheit korrelieren (wie von Eyer anhand von Übersichtsdaten gezeigt), wurde von Westerlund und Mitarbeitern erstmals durch Daten an Versuchspersonen nachgewiesen.

Aus psychopathologischer Sicht bleibt von Interesse, dass der Affekt ganz allgemein mit dem Konsumieren (dem Arbeiten und Einkaufen) eng verknüpft ist. Bereits Buddha verwies auf den Zusammenhang von Affektlage und Konsumverhalten: Leiden kommt von Leidenschaft, und nur wer diese überwindet, befreit sich vom Leiden. In modernerer Psycho-Terminologie: Wer seiner Affektregulation nicht ausgeliefert ist, sondern sie unter Kontrolle hat, dem geht es gut. Und wer weder deprimiert noch euphorisch ist, dem kann man nur schwer etwas andrehen, was er nicht braucht.

Zurück zu Max Weber: Vielleicht liefern die Umstände der Entstehung seines Werks einen Hinweis auf dessen eigenartigen Inhalt: Im Herbst 1897 litt Weber – 33-jährig und bereits auf dem Lehrstuhl für Ökonomie in Heidelberg tätig – an einer Depression. Er durchlebte weitere schwere depressive Phasen, sodass er 1903 keinerlei Lehrtätigkeit ausführen konnte, sich jedoch 1904 wieder so weit erholt hatte, dass er die *Protestantische Ethik* schreiben konnte. *„Nach seinem Nervenzusammenbruch hat Weber möglicherweise beides besonders stark gefühlt, den Zwang zum Arbeiten und seine Grundlosigkeit"* bemerkt hierzu Kolbert (14, S. 154) in nicht unplausibler Weise psychopathologisierend. Und in besseren Zeiten hat er dann alles sehr sorgfältig aufgeschrieben.

Literatur

1. Anonymus. Why business is bad for your health. The Lancet 363: 1173.
2. Abler B, Erk S, Walter H. Entwicklung eines Paradigmas zur Untersuchung des Belohnungssystems bei schizophrenen Patienten mit der funktionellen Magnetresonanztomographie. Nervenarzt 2004; 75 (Suppl 2): S57.
3. Abler B, Walter H, Erk S. Neural correlates of frustration (eingereicht).
4. Beale N, Nethercott S. Job-loss and family morbidity: a study of a factory closure. J R Coll Gen Pract, Brit J Gen Pract 1985; 35: 510–4.
5. Begley S. How do you keep the public shopping? Just make people sad. The Wall Street Journal Europe (19.3.2004), A7.
6. McClure SM, Laibson DI, Loewenstein G, Cohen JD. Separate neural systems value immediate and delayed monetary rewards. Science 2004; 306: 503–7.
7. Eyer J. Prosperity as a cause of death. Int J Health Serv 1977; 7: 125–50.
8. Fort M, Mercer MA, Gish O. Sickness and wealth. Cambridge/MA: South End Press 2004.
9. Frith CD, Wolpert D. The neuroscience of social interaction. Decoding, influencing, and imitating the actions of others. Oxford, UK: Oxford University Press 2004.
10. Grunberg L, Moore SY, Greenberg ES. Differences in psychological and physical health among layoff survivors: The effect of layoff contact. J Occupat Health Psychol 2001; 6: 15–25.
11. Kasser T, Ryan RM, Couchman CE, Sheldon KM. Materialistic values: Their causes and consequences. In: Kanner A, Kasser T (Hrsg). Psychology and consumer culture: The struggle for a good life in a materialistic world. Washington, DC: American Psychological Association 2004; S. 11–28.
12. Kasser T, Kanner A. Where is the psychology of consumer culture? In: Kanner A, Kasser T (Hrsg). Psychology and consumer culture: The struggle for a good life in a materialistic world. Washington, DC: American Psychological Association 2004: S. 3–7.
13. Kivimäki M, Vathera J, Ferrie JE, Hemingway H, Pentti J. Organizational downsizing and musculoskeletal problems in employees: a prospective study. Occup Environ Med 2001; 58: 811–7.
14. Kolbert E. Why work? A hundred years of „The Protestant Ethic". The New Yorker (29.11.2004); S. 154–60.
15. Lepsius MR. Eigenart und Potenzial des Weber-Paradigmas. In: Albert G, Bienfait A, Sigmund S, Wendt C (Hrsg). Das Weber-Paradigma. Studien zur Weiterentwicklung von Max Webers Forschungsprogramm. Tübingen: Mohr/Siebeck 2003; S. 32–41.
16. McCarthy M. Shopping 'til we drop. Can Psychology save us from our lust for possessions? The Lancet 2004; 363: 296–7.
17. Morris JK, Cook DG. A critical review of the effects of factory closure on health. Brit J Ind Med 1994; 48: 1–8.
18. Murphy GC, Athanasou JA. The effects of unemployment on mental health. J Occup Organ Psychol 1999 ; 72: 83–9.
19. Nemoto S, Finkel T. Aging and the mystery at Arles. Nature 2004; 429: 149–52.
20. Solomon S, Greenberg JL, Pyszczynsky TA. Lethal consumption: Death-denying materialism. In: Kanner A, Kasser T (Hrsg). Psychology and consumer culture: The struggle for a good life in a materialistic world. Washington, DC: American Psychological Association 2004; S. 127–46.
21. Spitzer M. Soziale Neurowissenschaft: Zur kognitiven Neurowissenschaft sozialer Prozesse oder warum Vorurteile dumm machen. Nervenheilkunde 2004; 23: 1–4.
22. Spitzer M. Vorsicht Bildschirm. Stuttgart: Klett 2005.
23. Vahtera J, Kivimäki M, Pentti J. Effects of organisational downsizing on health of employees. Lancet 1997; 350: 1124–8.

24. Weber, M. Die Protestantische Ethik und der Geist des Kapitalismus. Archiv für Sozialwissen-schaften 1905; 20/21.
25. Westerlund H, Ferrie J, Hagberg J, Jeding K, Oxenstierna G, Theorell T. Workplace expansion, long-term sickness absence, and hospital admission. Lancet 2004; 363: 1193–7.
26. Westin S, Schlesselman J, Korper M. Long-term effects of a factory closure: unemployment and disability during ten years' follow-up. J Clin Epidem 1989; 42: 435–41.

Macht Fernsehen dick?

Wer kennt nicht das dickliche Kind, das vor dem Fernseher hockt, sich nicht bewegt und Kartoffelchips futtert? Man weiß sofort, dass hier etwas nicht stimmt. Fernsehen macht dick, das ist klar, wir wissen es. Wirklich? – „Dicke schauen eben lieber TV, und wer sich nicht bewegt, der liegt eben lieber vor dem Fernseher auf der Couch." So oder so ähnlich könnte man argumentieren und damit den gleichen Streit vom Zaun brechen, der schon im Hinblick auf andere Auswirkungen des Fernsehens tobt: „Fernsehen macht gewalttätig", so sagen die einen. „Wer sowieso Gewalt mag, sitzt eher vor dem Fernseher" kontern die anderen. Im Hinblick auf die Gewalt ist die Datenlage mittlerweile klar: Dass Fernsehen tatsächlich gewalttätig macht, kann man heute nur noch dann bezweifeln, wenn man Fakten nicht zur Kenntnis nimmt (37–40, s. auch Beitrag „Milliarden für Tötungstrainingssoftware", S. 90 ff.). Wie steht es nun um die Auswirkungen des Fernsehens auf das Körpergewicht?

Bereits vor 20 Jahren publizierten die Kinderärzte Dietz und Gortmaker (10, 11) im Fachjournal *Pediatrics* einen Forschungsbericht, der mit *Do we fatten our children at the television set?* überschrieben war. Die Autoren hatten Daten von 6 965 Kindern im Alter von 6 bis 11 Jahren und von 6 671 Jugendlichen im Alter von 12 bis 17 Jahren zu verschiedenen Zeitpunkten erhoben. Man konnte also nicht nur im Querschnitt nachsehen, ob derjenige, der dick ist, viel fernsieht, sondern auch untersuchen, ob derjenige, der als Kind viel ferngesehen hat, auch einige Jahre später als Jugendlicher dick ist.

Die Antwort der Studie auf diese Fragen lautete eindeutig „Ja". Selbst wenn man andere Variablen, die vielleicht einen Einfluss haben könnten, mitberücksichtigte und mittels statistischer Verfahren aus den Ergebnissen „herausrechnete", blieb der Zusammenhang zwischen Fernsehkonsum und Fettleibigkeit erhalten. Es lag also nicht am sozioökonomischen Status der Familie, an der Herkunft der Eltern, an der Populationsdichte oder an einer zuvor bereits bestehenden Fettleibigkeit. Vielmehr lieferte die Studie erstmals sehr deutliche Hinweise darauf, dass das Fernsehen zu Übergewicht führt. Mittlerweile gibt es etwa 50 entsprechende Studien, die letztlich alle zum gleichen Ergebnis führen (26).

Ein Blick auf einige dieser Studien lohnt sich, weil sie die Vielschichtigkeit des Problems „Fernsehen und Übergewicht" verdeutlichen können. So wurde in einer Längsschnittstudie (17) an 746 Kindern und Jugendlichen im Alter von 10 bis 15 Jahren eine klare *Dosisabhängigkeit* des Körpergewichts von der Zeit vor dem Fernseher gefunden. Sowohl die Prävalenz (Abb. 1) als auch die Inzidenz (Abb. 2) nahmen mit der Zeit, die täglich vor dem Fernseher verbracht wurde, signifikant zu.

Man untersuchte sogar den umgekehrten Fall, das heißt die Auswirkung des Fernsehkonsums auf die Wahrscheinlichkeit, dass ein zuvor übergewichtiges Kind zu einem

normalgewichtigen Jugendlichen heran-
wächst. Aufgrund der geringen Zahl dieser
Fälle fand man hier nur einen statistischen
Trend. *„Die Wahrscheinlichkeit, übergewichtig zu werden, nimmt mit jeder zusätzlichen Stunde Fernsehen pro Tag um den
Faktor 1,2 zu [... und die] Wahrscheinlichkeit, übergewichtig zu bleiben nimmt mit
jeder zusätzlichen Stunde Fernsehen pro
Tag um den Faktor 1,3 zu“*, kommentieren
Gortmaker et al. (17, S. 360) ihre Ergebnisse.

Was ist nun mit dem Einwand, dass Dicke
eben lieber fernsehen? Könnten nicht Ursache und Wirkung genau anders herum
liegen als hier behauptet? Da die Studie als
Längsschnittstudie (also über die Zeit hinweg) angelegt war, ließen sich hierzu Aussagen machen: Gortmaker und Mitarbeiter analysierten ihre Daten dahingehend,
ob sich Übergewicht zum ersten Messzeit-
punkt (im Jahr 1986) auf den Fernsehkonsum im Jahr 1990 auswirkte. Es fand
sich kein Zusammenhang, womit nachgewiesen war, dass die Kausalität vom Fernsehen auf das Übergewicht geht: Wer fernsieht, wird dick, nicht umgekehrt.

Die aufgezeigten Zusammenhänge gelten
nicht nur für die USA. Die für Deutschland vorliegenden Daten zeigen Folgendes: Verbringen Vorschulkinder mehr als
zwei Stunden täglich vor elektronischen
Bildschirmmedien, dann erhöht sich ihr
relatives Risiko, übergewichtig zu sein,
um 70 % (22).

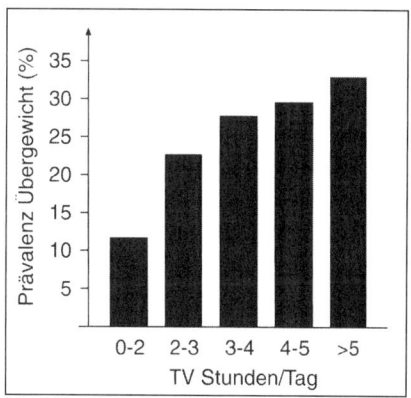

Abb. 1 Prävalenz von Übergewicht bei Kindern
in Abhängigkeit vom täglichen Fernsehkonsum
(nach 17).

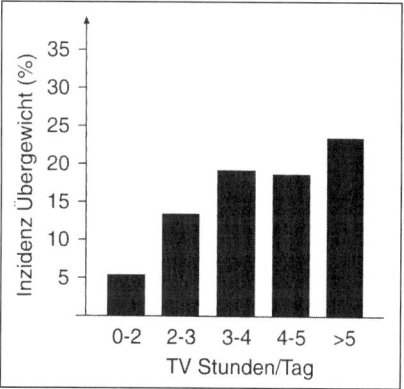

Abb. 2 Inzidenz von Übergewicht bei Kindern
in Abhängigkeit vom täglichen Fernsehkonsum
im Verlauf des Beobachtungszeitraums von
1986 bis 1990 (nach 17).

Interessant ist in diesem Zusammenhang die Entwicklung im bevölkerungsreichsten
Land der Erde. China schien zunächst eines der wenigen Länder zu sein, das die Prob-
leme übergewichtiger Kinder und Jugendlicher nicht kennt. Noch 1997 schauten
nur 8 % von 2 675 untersuchten Kindern in China mehr als 2 Stunden täglich fern.
Weniger als 1 % sahen mehr als 4 Stunden fern. Zudem waren die Kinder mit dem
Fahrrad unterwegs und verbrachten darüber hinaus Zeit mit moderater körperlicher
Aktivität (44). Entsprechend fand sich in diesen Daten aus dem Jahr 1997 des China
Health National Survey noch kein Zusammenhang zwischen Fernsehkonsum und
Körpergewicht.

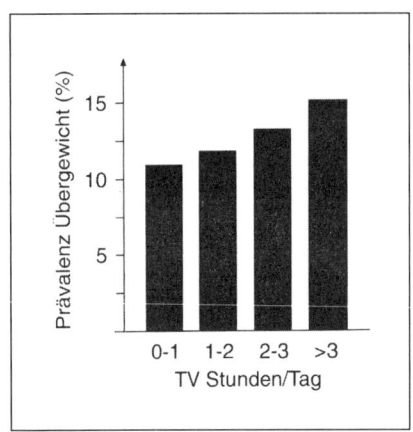

Abb. 3 Prävalenz von Übergewicht bei Kindern in Abhängigkeit vom täglichen Fernsehkonsum in China (nach 27). Beim Vergleich mit den Daten aus Abbildung 1 ist die unterschiedliche Skalierung zu beachten.

Diese Situation hat sich jedoch mittlerweile geändert. Lag die Anzahl der Fernsehgeräte pro 100 Haushalte in China noch im Jahr 1985 bei 17,2, so erhöhte sich diese Zahl auf 111,6 im Jahr 1999 (28). Ma und Mitarbeiter fanden dementsprechend im Jahr 2000 (also lediglich drei Jahre später!) in einer großen Studie einen deutlichen Zusammenhang von Fernsehkonsum und Übergewicht (Abb. 3). Obwohl die Prävalenzzahlen des Übergewichts in China noch deutlich geringer sind als in den USA, ist der Trend besorgniserregend. Bedenkt man zudem, dass es sich bei der Prävalenz um prozentuale Angaben handelt, dann wird deutlich, dass China im Hinblick auf die absolute Zahl der Kinder mit Übergewicht die USA mittlerweile überholt hat!

Übergewicht in der Kindheit wirkt sich auf verschiedene Weise ungünstig aus. Am wichtigsten dürfte sein, dass nach einer großen Studie (*Bogalusa Heart Study*, 14) an Kindern und Jugendlichen im Alter von 2 bis 17 eine Nachuntersuchung etwa 17 Jahre später (im Alter zwischen 18 und 37 Jahren) ergab, dass 77 % der fettleibigen Kinder (Body Mass Index [BMI] > 95 % der Referenzgruppe) als Erwachsene ebenfalls fettleibig waren (BMI > 30 kg/m^2). Auch eine Kieler Studie (*Kiel Obesity Prevention Study*, KOPS) hatte zum Ergebnis, dass 87,5 % der übergewichtigen oder fettleibigen Kinder (5 bis 7 Jahre) in der Pubertät noch immer übergewichtig oder fettleibig waren (30). Es erfolgt also ein nicht unwesentlicher Transfer des Übergewichts von der Kindheit in das Erwachsenenalter (19).

Bis heute liegen leider noch keine gesundheitsökonomischen Studien vor, mit deren Hilfe sich die Auswirkungen kindlichen Übergewichts genau darstellen lassen (3, 42). Man ist daher bei der Abschätzung der langfristigen Folgen des Übergewichts und der Dickleibigkeit bei Kindern auf indirekte Daten und Modellrechnungen angewiesen. Fragen wir also einmal: Wenn wir nach bestem Wissen und Gewissen angeben sollten, wie schädlich das Fernsehen nun wirklich ist, wenn wir also beispielsweise wetten müssten (39), wie viele Tote der heutige Fernsehkonsum in Deutschland in zwei Jahrzehnten nach sich zieht, was würden wir dann sagen?

Die besten publizierten Daten zu den Auswirkungen des Fernsehkonsums auf das Übergewicht stammen aus einer neuseeländischen prospektiven Geburtskohortenstudie von Robert Hancox und Mitarbeitern (18) an 1 037 Kindern. Hierzu wurden zunächst alle Kinder erfasst, die im neuseeländischen Dunedin, einer Stadt auf der Südinsel, vom 1. April 1972 bis 31. März 1973 geboren worden waren (36).

Als die Kinder das Alter von drei Jahren erreichten, wurden die Familien erstmals untersucht. In weiteren Abständen von 2 bis 3 Jahren (das heißt im Alter von 5, 7, 9,

11, 13, 15, 18 und 21 Jahren) wurden dann weitere Untersuchungen durchgeführt. Zuletzt geschah dies im Alter von 26 Jahren, als es immerhin gelang, 980 (96%) der 1 019 noch lebenden Teilnehmer der Studie zu untersuchen. Als die Kinder 5, 7, 9 und 11 Jahre alt waren, wurden die Eltern nach der Zeit des durchschnittlichen Fernsehkonsums an einem Wochentag befragt. Bei den späteren Befragungen im Alter von 13, 15 und 21 Jahren zum Fernsehkonsum wurden die Teilnehmer selbst zu ihrem Fernsehkonsum an Wochentagen und an Wochenenden befragt. Aus diesen Daten wurde die mittlere Fernsehdauer zwischen 5 und 15 Jahren berechnet.

Im Alter von 26 Jahren wurde der Gesundheitszustand durch die Bestimmung einer Reihe von Variablen erfasst, wie beispielsweise Körpergröße, Gewicht, Blutdruck, Belastung auf dem Fahrradergometer sowie verschiedene Laborwerte im Blut. Mittels eines Fragebogens wurde zudem der sozioökonomische Status der Herkunftsfamilie (berechnet als Mittelwert der Beurteilungen zwischen der Geburt und dem Alter von 15 Jahren) erfasst, und im Alter von 15 Jahren wurde mittels eines weiteren Fragebogens die körperliche Aktivität gemessen. Weiterhin wurde im Alter von 3 bzw. 5 Jahren der Body Mass Index (BMI) der Kinder bestimmt, und sogar der BMI der Eltern war gemessen worden, als die Kinder 11 Jahre alt waren. Der Fernsehkonsum der Kinder im Alter zwischen 5 und 15 Jahren korrelierte mit geringerem sozioökonomischen Status, vermehrtem Rauchen der Eltern, höherer Fettleibigkeit der Eltern und einem größeren BMI im Alter von 5 Jahren.

Im Hinblick auf den Bildschirmmedienkonsum wurde Folgendes festgestellt: Je länger die Kinder im Alter zwischen 5 und 15 Jahren vor dem Fernseher saßen, desto größer war ihr BMI (Abb. 4). Man konnte weiterhin berechnen, dass 17% des Übergewichts der Erwachsenen auf das Konto des Fernsehkonsums in der Kindheit gingen.

Das Tückische am Bestehen von Risikofaktoren, wie Übergewicht im Kindes- und Jugendalter, besteht darin, dass ihnen deutlich mehr Zeit bleibt, sich ungünstig auszuwirken als beim Auftreten im Erwachsenenalter. Anders ausgedrückt: Wer sein Übergewicht erst mit 60 bekommt, hat gute Chancen, vor seinem Herzinfarkt auf andere Art zu versterben. Diese Hoffnung kann man beim Vorliegen der Risikofaktoren in der Kindheit nicht haben. Man kann sich also recht sicher sein, dass die das Leben verkürzenden Auswirkungen auch eintreten werden.

Aufgrund einer zusammenfassenden Auswertung der Daten mehrerer großer prospektiver Studien werden die langfristigen Auswirkungen von Fettleibigkeit und Übergewicht in den USA auf 400 000 Tote

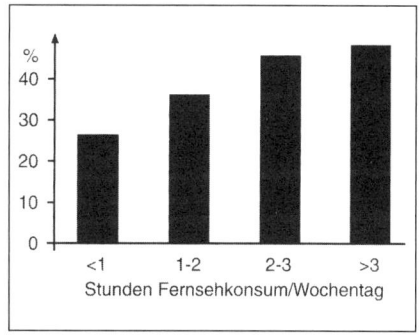

Abb. 4 Prävalenz des Risikofaktors „Übergewicht" in Abhängigkeit vom täglichen Fernsehkosum an einem Wochentag im Alter von 5 bis 15 Jahren (gemittelt über mehrere Einzelbeobachtungen zu verschiedenen Zeitpunkten). Die relativen Gruppengrößen betrugen 6,8% (< 1Stunde), 32,2% (1 bis 2 Stunden), 40,9% (2 bis 3 Stunden) und 20,2% (mehr als 3 Stunden). Die Unterschiede des Übergewichts zwischen den Fernsehkonsum-Gruppen sind mit p = 0,0001 hoch signifikant.

im Jahr geschätzt (29). Nehmen wir diese Zahl als Ausgangspunkt weiterer Berechnungen. In der Studie von Hancox und Mitarbeitern (18) ergab sich, dass 17% des Übergewichts Erwachsener durch deren Fernsehkonsum in Kindheit und Jugend verursacht waren. Hierbei wurde das Risiko, übergewichtig zu sein, durch Vergleich derjenigen, die nur zwei Stunden vor dem Bildschirm verbrachten, mit denen, die vier und mehr Stunden davor verbrachten, ermittelt. Die geschätzten 17% stellen damit eher eine untere Grenze bzw. eine deutliche Unterschätzung des tatsächlichen Effekts des Fernsehkonsums dar; der Wert könnte durchaus höher liegen.

Siebzehn Prozent von 400 000 sind 68 000. Dies wäre damit der untere Wert der Anzahl der Menschen, die pro Jahr in den USA am Fernsehkonsum versterben. Man muss allerdings bedenken, dass der Medienkonsum insgesamt gerade über die letzten zwei Jahrzehnte weltweit zugenommen hat und in den USA insgesamt höher liegt als in Neuseeland. Auch die Anzahl der Werbespots pro Zeiteinheit sowie die Menge an Schleichwerbung in „normalen" Programmen sind in diesem Zeitraum deutlich angestiegen. Man hat also guten Grund zur Annahme, dass die Auswirkungen des Fernsehkonsums in den USA deutlich ungünstiger einzuschätzen sind als aufgrund der hier zugrundegelegten Zahlenwerte. Dennoch: 68 000 Tote jährlich aufgrund des Fernsehens allein in den USA sind nicht nichts. Zum Vergleich: Im Straßenverkehr sterben dort jährlich etwa 20 000 Menschen.

Entsprechende Zahlen liegen für Deutschland nicht vor. Setzt man die Daten der USA zu den Bevölkerungszahlen in Beziehung (USA: 280 Millionen; Deutschland: 85 Millionen), so ergeben sich für Deutschland etwa 120 000 Tote durch Dickleibigkeit pro Jahr. Man könnte nun einwenden, dass dieser Wert für die Gegenwart zu hoch liegt, denn der prozentuale Anteil der Übergewichtigen und Fettleibigen ist in Deutschland geringer als in den USA. Legt man jedoch die Werte in den USA von vor 20 bis 30 Jahren zugrunde, die für die gegenwärtigen Todesfälle dort verantwortlich sind, und ist man an den Auswirkungen des heutigen Übergewichts in Deutschland in 20 Jahren interessiert, ergibt sich ein anderes Bild. Unter diesen Annahmen sind die Zahlen aus den USA durchaus auf Deutschland übertragbar (wie in vielerlei Hinsicht mit der üblichen 10- bis 15-jährigen Verzögerung). – Siebzehn Prozent von 120 000 ergeben etwa 20 000. Dies wäre damit etwa die Anzahl der im Jahr 2020 in Deutschland jährlich durch das heutige Fernsehen verursachten Todesfälle – allein durch dessen Effekt auf das Körpergewicht der Kinder und Jugendlichen. Fernsehen ist damit etwa 4-mal gefährlicher als der Straßenverkehr, der derzeit weniger als 5 000 Menschenleben pro Jahr fordert.

Kann man so rechnen? – Man kann! Entsprechende Berechnungen werden täglich von Mathematikern in Kranken- und Lebensversicherungen angestellt. Sie sagen nichts über Einzelfälle aus, können jedoch Effekte und Trends auf der Ebene einer ganzen Gesellschaft durchaus klar hervortreten lassen. Wichtig ist, dass man sich darüber im Klaren ist, dass solche Zahlen Schätzungen darstellen, die auf Annahmen beruhen, die falsch sein können. Wie oben angedeutet, liegen den hier angestellten Berechnungen eher zu niedrig als zu hoch geschätzte Annahmen zugrunde. Die Zahlen könnten also durchaus noch alarmierender sein.

Warum macht Fernsehen dick? – Es ist eine Sache, einen Zusammenhang aufzudecken, und eine zweite, den Zusammenhang zu erklären, also letztlich nach dem Wirkungsmechanismus zu fragen. In der Literatur werden für die gesundheitsschädlichen Wirkungen des Fernsehens drei Mechanismen diskutiert:

► Die vor dem Bildschirm verbrachte Zeit geht auf Kosten der Zeit körperlicher Aktivität.

► Das Fernsehen hat ungünstige Auswirkungen auf die Ernährungsgewohnheiten (während des Fernsehens und danach).

► Der Energieverbrauch ist beim Fernsehen geringer als bei anderen Tätigkeiten.

Betrachten wir diese Mechanismen genauer:

Zu (1) Die bildschirmbedingte Sofa-Kartoffel. Wer vor dem Bildschirm hockt, rennt nicht draußen herum. Dieser einfache Zusammenhang fällt den meisten Menschen als erstes ein, wenn sie über Fernsehen und Übergewicht diskutieren. Was die wissenschaftlichen Daten anbelangt, ist dieser Mechanismus jedoch derjenige, zu dem es die wenigsten Studien gibt. Und die wenigen Studien, die es gibt, legen nur einen schwachen Zusammenhang nahe. So fanden weder Andersen und Mitarbeiter (1) noch Crespo und Mitarbeiter (8) in großen, in den USA durchgeführten nationalen Erhebungen einen Zusammenhang zwischen körperlicher Aktivität und Übergewicht (obwohl in beiden Studien ein Zusammenhang zwischen Fernsehen und Übergewicht klar nachgewiesen wurde). Eine Longitudinalstudie (2) fand dagegen einen Zusammenhang von gesteigerter körperlicher Aktivität und geringerem BMI; er war jedoch geringer als der zwischen Fernsehkonsum und erhöhten BMI.

Am deutlichsten gegen den Sofa-Kartoffel-Mechanismus sprechen die Ergebnisse einer experimentellen Interventionsstudie. Thomas N. Robinson (32, 33) führte von September 1996 bis April 1997 eine randomisierte, kontrollierte, schulbasierte, experimentelle Untersuchung an insgesamt 198 Dritt- und Viertklässlern durch. Er wollte herausfinden, ob man das Übergewicht von Schulkindern dadurch verringern kann, dass man ihnen beibringt, weniger Zeit mit Fernsehen, Video und Videospielen zu verbringen. Zwei vergleichbare Schulen eines Schulbezirks wurden ausgewählt, alle Beteiligten verpflichteten sich zum Mitmachen, und dann wurde per Zufall entschieden, an welcher Schule das Programm durchgeführt wurde. Es bestand aus 18 Schulstunden zu je 30 bis 50 Minuten, die vom regulären Lehrer der dritten und vierten Klasse durchgeführt wurden und die Kinder dazu anleiteten, auf das Fernsehen, den Videorekorder und die Computerspiele zu verzichten bzw. den Konsum einzuschränken.

Die Ergebnisse dieser Studie zeigten insgesamt die Wirksamkeit des Programms: Bei den hieran teilnehmenden Kindern nahmen der Fernseh-, Video- und Computerspielkonsum im Vergleich zur Kontrollgruppe signifikant ab. Ebenfalls signifikant geringer waren im Vergleich zur Kontrollgruppe auch der BMI, die Taillenweite und die Breite einer Hautfalte am Armstreckmuskel (Musculus triceps). Diese Maße der Fettleibigkeit reagierten also auf das Interventionsprogramm. Es zeigt damit, dass man durch Verminderung der Zeit vor Bildschirmmedien eine Gewichtsreduktion bei Kindern erreichen kann. Keine Auswirkungen des Programms hingegen fand man im Hinblick auf das Ausmaß sportlicher körperlicher Aktivität.

Wenn aber das Vor-dem-Bildschirm-Hocken nicht durch Sport ersetzt wurde, wieso nahmen dann die Kinder ab? Robinson hatte auch nach dem Essverhalten gefragt.

Mahlzeiten bei laufendem Fernseher sind in den USA seit langem gang und gäbe und haben sich auch hierzulande längst in das Verhaltensrepertoire von Kindern eingeschlichen. Diejenigen Kinder, die am Schulprogramm teilgenommen hatten, aßen signifikant weniger Mahlzeiten bei laufendem Fernseher. Dies leitet über zur zweiten Hypothese.

Zu (2) Bildschirm und Essgewohnheiten. Eine Reihe von Untersuchungen legt die Annahme nahe, dass die Benutzung von Bildschirmmedien die Essgewohnheiten in eine ungünstige Richtung verändert. Dies kann auf verschiedene Weise geschehen. Zum einen dadurch, dass die Schauspieler im Fernsehen eher ungesunde Nahrungsmittel zu sich nehmen und damit zu ungünstigen Rollenvorbildern werden (23, 41). Zum anderen kann das Kind auf die Fernsehwerbung „hereinfallen" und die beworbenen zumeist hochkalorischen Nahrungsmittel (15) bevorzugen. Dies geschieht tatsächlich in beträchtlichem Ausmaß (21). Mehrere Studien konnten einen Zusammenhang zwischen Fernsehkonsum und dem Essen von süßen oder salzigen Snacks sowie dem Trinken gesüßter Limonadengetränke nachweisen (4, 34, 35).

Auch beeinflusst das Einnehmen von Mahlzeiten bei laufendem Fernseher die Qualität der Mahlzeiten ungünstig (6): Kinder aus Familien, in denen der Fernsehapparat während zweier oder mehr Mahlzeiten täglich lief, unterschieden sich von Kindern aus Familien, in denen der Fernseher entweder gar nicht bei den Mahlzeiten oder nur bei einer Mahlzeit lief, wie folgt: Sie aßen 6 % mehr Fleisch (p < 0,01), 5 % mehr Pizza, salzige Snacks und süße Limonaden (p < 0,01) sowie 5 % weniger Obst, Gemüse und Obstsäfte (p < 0,001). Sie aßen signifikant weniger Kohlehydrate und signifikant mehr Fett. Außerdem gab es einen Trend dahingehend, dass sie insgesamt mehr aßen.

Mehrere Studien zeigten zudem unabhängig von dem, was gegessen wird, einen signifikanten Zusammenhang zwischen Fernsehkonsum und Kalorienaufnahme. Wer viel vor dem Fernseher sitzt, isst auch viel und nimmt deswegen zu (5, 8, 16, 20, 31).

Zu (3) Bildschirm und Energieverbrauch. Wer dauernd herumzappelt, verbraucht mehr Energie und wird nicht so leicht dick, wie eine in *Science* publizierte Studie klar zeigte (24). In der angloamerikanischen Literatur wird von *nonexercise activity thermogenesis* (NEAT) gesprochen, also davon, dass jemand Energie verbraucht (und Wärme produziert), ohne zu schwitzen und einer sportlichen Aktivität nachzugehen. Bis zu einem Drittel des täglichen Energieverbrauchs geht auf das Konto dieser praktisch kaum sichtbaren und im Hinblick auf das Problem des Übergewichts bislang vernachlässigten Komponente (25).

Könnte es sein, dass das Vor-dem-Bildschirm-Hocken dadurch zu Übergewicht führt, dass die Kinder dabei weniger zappeln? Erste Untersuchungen in dieser Hinsicht ergaben einen signifikanten, aber kleinen Effekt: DuRant und Mitarbeiter (13) beobachteten das Ausmaß körperlicher Aktivität (einschließlich Zappeln) bei insgesamt 191 Kindern im Alter von 3 oder 4 Jahren direkt zu Hause. Es zeigte sich hierbei, dass die Kinder sich vor dem Fernseher tatsächlich am wenigsten bewegten. Zwei weitere Studien erbrachten ebenfalls Hinweise auf die alte Elternweisheit, dass Kinder zuweilen „wie gebannt" (das heißt erstaunlich regungslos) vor dem Bildschirm sitzen, wenn auch die Effekte wiederum eher schwach ausgeprägt waren (8, 31).

Direkte Messungen des kindlichen Stoffwechsels unter verschiedenen Bedingungen (jeweils 15 Minuten Fernsehen, Lesen, Stillsitzen) bei Mädchen wurden von Dietz und Mitarbeitern (12) durchgeführt. Sie zeigten, dass sich die Mädchen vor dem Bildschirm wenig bewegten und dass die Veränderungen der Stoffwechselrate mit den gemessenen und beobachteten Bewegungen der Kinder zusammenhingen. Coon und Tucker (7, S. 431) bemerken in ihrer Übersicht zum Thema entsprechend das Folgende: *„Über längere Zeit könnte die Tendenz des Fernsehens, das kindliche Zappeln oder andere kleine Bewegungen der Kinder zu unterdrücken, den durchschnittlichen kindlichen Energieverbrauch beeinflussen und dadurch zu einer positiven Energiebilanz beitragen."* Mit anderen Worten: Wer viel Zeit wie gebannt vor dem Bildschirm verbringt, verbraucht weniger Energie, was zur Ansammlung dieser Energie in Form von Fettgewebe und damit zu Übergewicht führt.

Halten wir abschließend fest: Fernsehen führt dosisabhängig zu Übergewicht. Der Effekt ist auch dann noch vorhanden, wenn man andere Faktoren herausrechnet, und die Richtung der Verursachung ist eindeutig. Übergewicht und Dickleibigkeit haben in der westlichen Welt ein epidemieartiges Ausmaß erlangt und sind als wesentliche negative Einflussgrößen auf die Volksgesundheit erkannt. Sie stellen Risikofaktoren für eine ganze Reihe von Erkrankungen – insbesondere Herzkreislauferkrankungen – dar und begünstigen zudem die Entwicklung weiterer Risikofaktoren wie Fett- und Kohlenhydratstoffwechselstörungen (erhöhter Cholesterinspiegel, Typ-II-Diabetes). Gerade die nahezu sprunghafte Zunahme der Fälle von *Altersdiabetes bei Kindern und Jugendlichen* ist nur als Effekt der erheblichen Zunahme des Übergewichts in diesen Altersgruppen zu erklären; und dies wiederum geht zu einem guten Teil auf das Konto des Medienkonsums. Studien zu den Auswirkungen des Fernsehkonsums in der Kindheit auf Übergewicht und weitere Risikofaktoren zeigen klare Zusammenhänge sowie eine *Dosis-Wirkungsbeziehung*: Je mehr ferngesehen wird, desto größer sind die ungünstigen Auswirkungen auf die Gesundheit der Kinder und der späteren Erwachsenen. Zum *Wirkungsmechanismus* der „Droge Fernsehen" lässt sich sagen, dass er über mehrere Schienen läuft: Wer vor dem Bildschirm sitzt, bewegt sich weniger und verbrennt weniger Energie; und er nimmt mehr Energie auf, weil er sich ungesünder ernährt. *Gesundheitsökonomisch* verwertbare Langzeitstudien zu den Auswirkungen kindlichen Übergewichts oder gar kindlichen Fernsehkonsums liegen nicht vor. Setzt man jedoch die vorhanden Daten in Beziehung, ergibt sich folgendes Bild: Allein durch den heutigen Fernsehkonsum von Kindern und Jugendlichen werden im Jahr 2020 in Deutschland etwa 20 000 Menschen an den Folgen von Übergewicht sterben.

Noch ein Wort zu diesen Schätzungen: Im Jahre 1972 publizierte der Club of Rome Schätzungen zu den Auswirkungen der wachsenden Umweltverschmutzung für das Jahr 2030. Diese Schätzungen erwiesen sich zum Teil als falsch – genau deswegen, weil sie vorgenommen und publiziert wurden (43). In diesem Sinne hoffe ich, dass sich meine Schätzungen als falsch erweisen werden. Tun wir nichts, dürften sie sich ebenfalls als falsch erweisen, nämlich als deutlich zu niedrig. *„Life is a race between education and disaster"* soll der Schriftsteller H.G. Wells vor etwa einhundert Jahren gesagt haben. Es wird Zeit, dass wir ihn ernst nehmen.

Vielleicht gibt es ja auch eine ganz praktisch-technische Lösung des Problems, die darin besteht, den Strom für den Fernsehapparat von den Zuschauern am Fahrrad-Heimtrainer erzeugen zu lassen, wie die Herausgeberin der Zeitschrift *Archives of Pediatric Medicine*, Catherine D. DeAngelis (9) schreibt:

„The way to solve this problem is to rig all television sets to generators that must be powered manually – perhaps by a bicycle? Exercise would increase or viewing would decrease; it's guaranteed!"

Literatur

1. Anderson CA, Benjamin AJ, Bartholow BD. Does the gun pull the trigger? Automatic priming effects of weapon pictures and weapon names. Psychol Science 1998; 9: 308–14.
2. Berkey CS et al. Activity, dietary intake, and weight changes in a longitudinal study of preadolescent and adolescent boys and girls. Pediatrics 2000; 105: E56.
3. Bühler S et al. Type 2 diabetes mellitus in children and adolescents: the European perspective. In: Kiess W, Marcus C, Waibitsch M (Hrsg). Obesity in childhood and adolescence. Basel: Karger 2004: S. 170–80.
4. Burdine JN et al. The effects of ethnicity, sex and father's occupation on heart health knowledge and nutrition behavior of school children: the Texas youth health awareness survey. J Sch Health 1984; 54: 87–90.
5. Cheng T. The changing face and implications of childhood obesity (Letter to the Editor). New Engl J Med 2004; 350: 2415.
6. Coon KA, Goldberg J, Rogers BL, Tucker KL. Relationships between use of television during meals and children's food consumption patterns. Pediatrics 2004, 107: E7.
7. Coon KA, Tucker LA. Television and children's consumption patterns: a review of the literature. Minerva Pediatr 2002; 54: 423–36.
8. Crespo CJ, Smit E, Troiano RP, Bartlett SJ, Macera CA, Andersen RE. Television watching, energy intake, and obesity in US children: results from the third National Health and Nutrition Examination Survey, 1988–1994. Arch Pediatr Adolesc Med 2001, 155: 360–5.
9. DeAngelis CD. Editor's note. Arch Pediat Med 1996; 150: 356.
10. Dietz WH, Gortmaker SL. Factors within the physical environment associated with childhood obesity. Am J Clin Nutr 1984, 39: 619–24.
11. Dietz WH, Gortmaker SL. Do we fatten our children at the television set? Obesity and television viewing in children and adolescents. Pediatrics 1985, 75: 807–12.
12. Dietz WH et al. Effect of sedentary activities on resting metabolic rate. Am J Clin Nutr 1994; 59: 556–9.
13. DuRant RH, Treiber F, Goodman E, Woods ER. Intentions to use violence among young adolescents. Pediatrics 1996; 98: 1104–8.
14. Freedman D et al. Relationship of childhood obesity to coronary heart disease risk factors in adulthood: the Bogalusa heart study. Pediatrics 2001; 108: 712–8.
15. Gambles M, Cotugna N. A quarter century of TV food advertising targeted at children. Am J Health Behav 1999; 23: 261–7.
16. Gore SA, Foster JA, DiLillo VG, Kirk K, Smith West D. Television viewing and snacking. Eat Behav 2003, 4: 399–405.
17. Gortmaker SL et al. Television viewing as a cause of increasing obesity among children in the United States, 1986–1990. Arch Pediatr Adolesc Med 1996; 150: 356–62.
18. Hancox RJ, Milne BJ, Poulton R. Association between child and adolescent television viewing and adult health: a longitudinal birth cohort study. Lancet 2004, 364: 257–62.

19. Hauner H. Transfer into adulthood. In: Kiess W, Marcus C, Waibitsch M (Hrsg). Obesity in Childhood and Adolescence. Basel: Karger 2004; S 219–28.

20. Jacoby E, Goldstein J,Lopez A, Nunez E, Lopez T. Social class, family, and lifestyle factors associated with overweight and obesity among adults in Peruvian cities. Prev Med 2003, 37: 396–405.

21. Jahns L, Siega-Riz AM, Popkin BM. The increasing prevalence of snacking among US children from 1977 to 1996. J Pediatr 2001; 138: 493–8.

22. Kalies H, Koletzko B, von Kries R. Übergewicht bei Vorschulkindern. Kinderärztliche Praxis 2001; 4:227–34.

23. Kaufman L. Prime-time nutrition. J Commun 1980, 30: 37–46.

24. Levine JA, Eberhardt NL, Jensen MD. Role of nonexercise activity thermogenesis in resistance to fat gain in humans. Science 1999; 283: 212–4.

25. Levine JA. Nonexercise activity thermogenesis (NEAT): environment and biology. Am J Physiol Endocrinol Metab 2004 ; 286: E675–E685.

26. Ludwig DS, Gortmaker SL. Programming obesity in childhood. The Lancet 2004; 364: 226–7.

27. Ma GS, Li YP, Hu XQ, Ma WJ, Wu J. Effect of television viewing on pediatric obesity. Biomed Environ Sci 2002, 15: 291–7.

28. Ma G. Environmental factors leading to pediatric obesity in the developing world. In: Chen C, Dietz WH (Hrsg). Obesity in Childhood and Adolescence. Nestlé Nutrition Workshop Series, Pediatric Program, Bd. 49. Philadephia, PA: Lippincott, Williams & Wilkins 2003; S. 195–206.

29. Marshall E. Public enemy number one: tobacco or obesity. Science 2004; 304: 804.

30. Müller MJ et al. Prevention of overweight and obesity.In: Kiess W, Marcus C, Waibitsch M (Hrsg). Obesity in Childhood and Adolescence. Basel: Karger 2004; S. 243–63.

31. Robinson TN et al.. Does television viewing increase obesity and reduce physical activity? Cross-sectional and longitudinal analyses among adolescent girls. Pediatrics 1993, 91: 273–80.

32. Robinson TN. Reducing children's television viewing to prevent obesity: a randomized controlled trial. JAMA 1999; 282: 1561–7.

33. Robinson TN. Obesity prevention. In: Chen C, Dietz WH (Hrsg). Obesity in Childhood and Adolescence. Nestlé Nutrition Workshop Series, Pediatric Program, Bd. 49. Philadephia, PA: Lippincott, Williams & Wilkins 2003; S. 245–56.

34. Signorielli N, Lears M. Television and children's conceptions of nutrition: unhealthy messages. Health Communications 1992; 4: 245–57.

35. Signorielli N, Staples J. Television and children's conception of nutrition. Health Communications 1997; 9: 289–301.

36. Silva PA, Stanton WR. From Child to adult: The Dunedin multidisciplinary health and development study. Oxford: Oxford University Press 1996.

37. Spitzer M. Fernsehen und Kinder in Deutschland – Emotionen, Schulen, Körper und Geist. (Editorial). Nervenheilkunde 2003, 22: 113–5.

38. Spitzer M. Internet für die Mädchen! (Editorial). Nervenheilkunde 2004a; 23: 186–7.

39. Spitzer M. Märkte für Informationen: Populationsvektoren und Politik, kollektives Wissen und virtuelles Geld. (Editorial). Nervenheilkunde 2004b; 23: 68–72.

40. Spitzer M. Macht Punkt!: Tödliche Geschosse, Präsentations-Software und kognitiver Stil. (Editorial). Nervenheilkunde 2004c; 23: 123–6.

41. Story M, Faulkner P. The prime time diet: a content analysis of eating behavior and food messages in television program content and commercials. Am J Public Health 1990; 80: 738–40.

42. Stratmann D, Wabitsch M, Leidl R. Adipositas im Kindes- und Jugendalter: Ansätze zur ökonomischen Analyse. Monatsschrift Kinderheilkunde 2000; 148: 786–92.

43. Suter K. Fair Warning? The Club of Rome revisited. http://www.abc.net.au/science/slab/rome/default.htm, Australian Broadcasting Corporation 2004.

44. Tudor-Locke C et al. Physical activity and inactivity in Chinese school-aged youth: the China Health and Nutrition Survey. Int J Obes Relat Metab Disord 2003; 27:1093–9.

79

Epilog: Fernsehen und Knochenbrüche

Wenn man publiziert, wird man vielleicht gelesen. Publiziert man verständlich, wird man auf jeden Fall und gerne gelesen und hat eine Chance, Rückmeldungen zu bekommen. Über mangelndes Feed-back kann ich mich nicht beklagen, und danach zu urteilen müssen meine Beiträge recht verständlich sein. Das Schöne ist, dass man nicht nur Lob und Kritik erhält, sondern auch weitere sachdienliche Hinweise. So auch zu dem vorhergehenden Beitrag.

Ein Kollege machte mich auf zwei in der international renommierten Zeitschrift *Pediatrics* erschienene Beiträge aufmerksam, über die hier kurz berichtet sei.

Schon im Jahr 1993 publizierten Robert Kesges und Mitarbeiter (2) eine Untersuchung an 15 dickleibigen und 16 normalgewichtigen Mädchen im Alter von 8 bis 12 Jahren. Man ging der Frage nach, wie sich die Stoffwechselrate (der Energieumsatz) verhält, wenn die Kinder sich entweder in Ruhe befanden oder wenn sie fernsahen. Das Ergebnis der Studie war bemerkenswert: Vor dem Fernseher nimmt der Energieumsatz der Kinder gegenüber Ruhe ab, d.h. vor dem Fernseher wird weniger Energie verbraucht als wenn man gar nichts tut. Der Effekt war mit 211 kcal/24 h numerisch beachtlich und statistisch hoch signifikant ($p < 0,0001$). Er war bei den dicken Kindern stärker ausgeprägt (262 kcal/24 h) als bei den normalgewichtigen (167 kcal/24 h), wenn dieser Unterschied auch nicht signifikant war. In jedem Fall ist klar: Fernsehen macht dick, weil es den Stoffwechsel herunterregelt.

Eine zweite, Anfang 2006 erschienene Studie macht auf einen weiteren ungünstigen Aspekt des Fernsehens aufmerksam: Es beeinträchtigt bei Kindern die Entwicklung der Knochen. Man weiß schon lange, dass der beste Stimulus für die Mineralisation des Knochens körperliche Bewegung ist. Daher sollten nicht nur Rentner täglich einen Spaziergang machen bzw. sich regelmäßig bewegen, sondern alle Menschen, Kinder eingeschlossen. Hierzu legten nun Kathleen Janz und Mitarbeiter (1) eine Studie an 368 Vorschulkindern im Alter von 4 bis 6 Jahren (Mittelwert: 5,2 Jahre) vor. Bei den Kindern wurde über 4 Tage die körperliche Aktivität durch einen Bewegungsmesser objektiv ermittelt, zudem wurden die Aktivitäten (einschließlich der Zeit vor dem Fernseher) auch per Eltern-Fragebogen erfasst. Die Mineralisation der Knochen wurde durch Röntgenabsorption gemessen, wobei sich klar ein Zusammenhang zwischen der Aktivität und der Knochenfestigkeit bei Jungen und Mädchen zeigte. Bei den Mädchen war zusätzlich ein signifikanter negativer Zusammenhang zwischen TV-Konsum und Knochenmineralisation ersichtlich: Je mehr Zeit sie vor dem Fernseher verbrachten, desto schwächer waren die Knochen. Da man weiß, dass sogar recht kleine Unterschiede in der Knochenmineralisation einen deutlichen Einfluss auf die Wahrscheinlichkeit von Knochenbrüchen haben können, zeigen diese Befunde eine klare praktische Relevanz.

Literatur

1. Janz KF, Burns TL, Torner JC, Levy SM, Paulos R, Willing MC, Warren JJ. Physical activity and bone measures in children: The Iowa Bone Development Study. Pediatrics 2006; 107: 1387–93.
2. Klesges RC, Shelton ML, Klesges LM. Effects of television on metabolic rate: potential implications for childhood obesity. Pediatrics 1993; 91: 281–6.

Fernsehen und Bildung

Die von Bildschirmmedien ausgehenden Gefahren sind bereits im vorhergehenden Artikel sowie in einigen weiteren meiner Arbeiten Thema (4, 6–10). Wenn es hier um die Auswirkungen des Fernsehkonsums auf die *Bildung* geht, also auf das vom Individuum erreichte Bildungsniveau, das im anglo-amerikanischen Sprachraum als *academic achievement* bezeichnet wird, dann sei dies dadurch gerechtfertigt, dass es neue Erkenntnisse hierzu gibt. In der Juli-Ausgabe 2005 der Zeitschrift *Archives for Pediatrics and Adolescence Medicine* erschienen gleich drei wichtige Arbeiten, die im Folgenden kurz dargestellt und diskutiert werden sollen.

Robert Hancox und Mitarbeiter (2) berichten über die weltweit erste prospektive Geburtskohortenstudie an 1 037 neuseeländischen Kindern zu den Auswirkungen des Fernsehens von Kindern und Jugendlichen auf deren Bildungsniveau als Erwachsene. Die Anlage dieser großen Studie wird schon ausführlich im vorhergehenden Beitrag „Macht Fernsehen dick?" beschrieben (s. S. 72 f.), allerdings wird dort speziell der Zusammenhang zwischen Fernsehkonsum und Körpergewicht untersucht, während hier der Fokus auf dem Bildungsniveau liegt.

Zusammengefasst konnte anhand einer regelmäßigen Datenerhebung ab dem 3. bis zum 21. Lebensjahr mit dieser Studie die mittlere Fernsehdauer zwischen 5 und 15 Jahren ermittelt werden. Darüber hinaus wurde der Fernsehkonsum für die Zeiträume Kindheit (5 bis 11 Jahre) und Jugend (13 bis 15 Jahre) separat berechnet.

Im Alter von 26 Jahren wurde das erreichte Bildungsniveau auf einer Skala von 1 (keine berufliche Qualifikation) bis 4 (Universitätsabschluss) eingestuft. Mittels eines Fragebogens konnte zudem der sozioökonomische Status der Herkunftsfamilie (berechnet als Mittelwert der entsprechenden Variablen zwischen der Geburt und dem Alter von 15 Jahren) erfasst werden, und es wurde mit Hilfe von Intelligenztests zu den Messzeitpunkten der IQ der Kinder bestimmt.

Der wesentliche Befund der Studie, deren Daten aufgrund ihres Längsschnittcharakters als sehr verlässlich eingestuft werden können, ist der, dass der Fernsehkonsum der Kinder beziehungsweise Jugendlichen im Alter zwischen 5 und 15 Jahren mit einem geringeren erreichten Bildungsniveau im Alter von 26 Jahren einhergeht (Abb. 1).

Da niedriger IQ und niedriger sozioökonomischer Status sowohl mit schlechterem Ausbildungsabschluss als auch mit vermehrtem Fernsehkonsum korrelierten, ist von Bedeutung, dass man diese beiden Faktoren aus dem Zusammenhang von Fernsehkonsum und Bildungsniveau herausrechnete. Aber auch danach blieb er bestehen und war signifikant. Mit anderen Worten: Es ist durchaus der Fall, dass weniger begabte Kinder oder Kinder aus unteren sozialen Schichten mehr fernsehen, aber dieser Effekt allein kann den Zusammenhang zwischen Fernsehkonsum und Bildung nicht erklä-

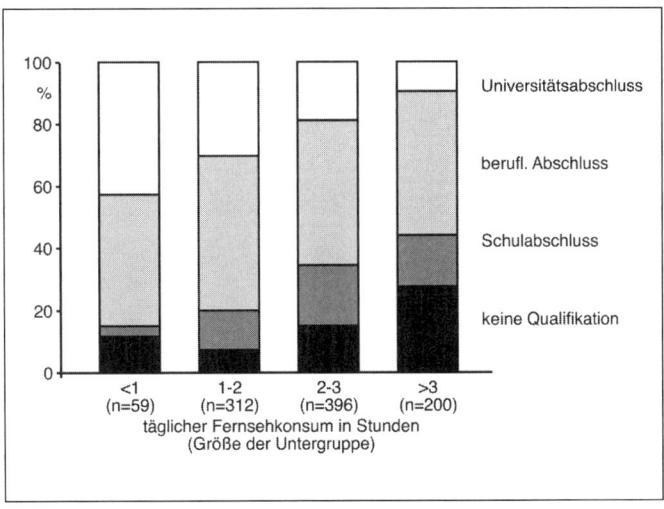

Abb. 1 Einfluss des täglichen Fernsehkonsums in Kindheit und Jugend auf die berufliche Qualifikation im Alter von 26 Jahren. Jede Säule entspricht 100 % der jeweiligen Untergruppe mit einem täglichen Fernsehkonsum von weniger als 1 Stunde, 1 bis 2 Stunden, 2 bis 3 Stunden und mehr als 3 Stunden (schwarz: kein Abschluss; dunkelgrau: Schulabschluss; hellgrau: beruflicher Abschluss; weiß: Universitätsabschluss; Daten aus 2, S. 616).

ren. Dieser Zusammenhang – je mehr ferngesehen wird, desto schlechter das erreichte Bildungsniveau – ist damit real und kein statistisches Artefakt.

Interessant ist weiterhin die Tatsache, dass der Fernsehkonsum im Jugendalter (13 und 15 Jahre) vor allem mit dem Verlassen der Schule ohne jeglichen Abschluss in Zusammenhang stand, ein geringer Fernsehkonsum im *Kindesalter* dagegen am stärksten mit dem Erreichen eines *Universitäts*abschlusses verbunden war. Beim ersten Befund ist nämlich die Richtung der Verursachung nicht klar: Es könnte sein, dass die Jugendlichen zu viel fernsehen und deswegen die Schule verlassen; es könnte aber auch sein, dass sie sich in der Schule langweilen und deswegen mehr fernsehen. Der negative Zusammenhang zwischen Fernsehen in der Kindheit und Universitätsabschluss hingegen lässt sich nicht in dieser Weise kausal-neutral deuten. Hier bleibt nur die Interpretation, dass das Fernsehen den erreichten Bildungsabschluss negativ beeinträchtigt.

Man fand weiterhin, dass das Fernsehen die berufliche Qualifikation der Kinder mit mittlerem Intelligenzniveau am deutlichsten beeinflusste. Mit anderen Worten: Der gering Begabte hat, relativ unabhängig vom täglichen Fernsehkonsum, eher keinen Abschluss, und der Hochbegabte landet an der Universität, ebenso unabhängig vom täglichen Fernsehkonsum. Was aber mit der breiten Masse in der Mitte geschieht, hängt wesentlich davon ab, wie viel ferngesehen wird.

Die zweite Studie von Zimmerman und Christakis (11) bezieht sich auf einen US-amerikanischen großen nationalen und repräsentativen Datensatz. Bei 1 797 Kindern wurde der Fernsehkonsum (von den Müttern berichtet) im Alter von vor 3 Jahren sowie im Alter von 3 bis 5 Jahren mit Testwerten für eine Reihe kognitiver Funktionen (Konzentration, Lesefähigkeit, Sprachverständnis, mathematische Fähigkeiten) im Alter von sechs Jahren in Verbindung gebracht. Zudem wurden die soziale Herkunft und das Intelligenzniveau der Mütter erfasst, um den Einfluss dieser Messgrößen aus den Effekten des Fernsehens herausrechnen zu können.

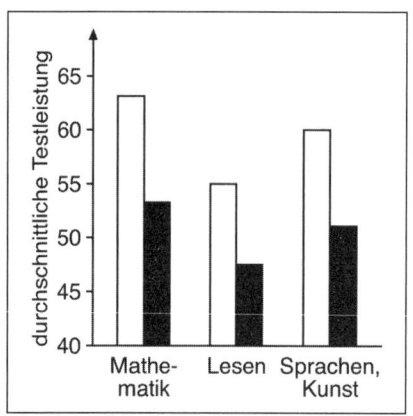

Abb. 2 Durchschnittliche Leistung der Schüler in Mathematik, im Lesen und im Bereich Fremdsprache/Kunst in Abhängigkeit davon, ob sie über einen Fernseher in ihrem Zimmer verfügen (schwarze Säulen) oder nicht (weiße Säulen). Die Unterschiede sind mit p < 0,001 hoch signifikant (Daten aus 1, S. 610).

Der durchschnittliche Fernsehkonsum vor dem dritten Lebensjahr lag in dieser Studie bei 2,2 Stunden und bei 3,3 Stunden zwischen dem 3. und 5. Lebensjahr. Mit sechs Jahren schauten die Kinder im Durchschnitt 3,5 Stunden täglich fern. Insgesamt zeigte sich beim Vergleich der Vielseher (mehr als 3 Stunden täglich) mit den Wenigsehern (weniger als 3 Stunden täglich) ein deutlicher Effekt des Fernsehens im Sinne einer Beeinträchtigung der kognitiven Fähigkeiten. Dieser Effekt blieb auch bestehen, wenn man die zusätzlich gemessenen Variablen berücksichtigte, und er war für das Fernsehen vor dem 3. Lebensjahr besonders ausgeprägt.

Entsprechend folgern die Autoren, dass den Empfehlungen der Amerikanischen Akademie für Kinderheilkunde (*American Academy of Pediatrics*), Kinder vor dem zweiten Lebensjahr nicht vor den Fernseher zu setzen, mehr Nachdruck zu verleihen sei. Im Lichte von Daten zum Lernen während der Gehirnentwicklung (5) kann man dem nur zustimmen.

Die dritte Studie von Borzekowski und Robinson (1) untersuchte an 341 Schülern der dritten Klassen von sechs Schulen im US-amerikanischen Staat Kalifornien den Zusammenhang zwischen dem Vorhandensein eines Fernsehers im Kinderzimmer und den schulischen Leistungen in Mathematik, im Lesen und im Unterricht in Sprachen und Kunst. Die wesentlichen Ergebnisse sind in Abbildung 2 wiedergegeben.

Wie man sieht, schneiden die Kinder ohne eigenen Fernseher in allen drei Bereichen hoch signifikant besser ab als diejenigen Kinder, die über einen eigenen Fernseher verfügen.

Betrachtet man die Ergebnisse der drei diskutierten Studien zusammen, ergibt sich ein sehr klares Bild: Fernsehkonsum hat ungünstige Auswirkungen auf die schulischen Leistungen. Der Effekt betrifft alle Fächer, ist nicht mit anderen Faktoren (Intelligenz, sozioökonomischer Status) zu erklären und wirkt sich langfristig auf den erreichten Ausbildungsgrad aus. Besonders beunruhigend ist, dass gerade das Fernsehen in sehr jungen Jahren sich langfristig sehr ungünstig auswirkt: Ein Vierteljahrhundert nach dem Fernsehkonsum in der frühen Kindheit zeigt er sich am Vorhandensein beziehungsweise dem Fehlen eines universitären Abschlusses. Im Zeitalter des „Unterschichtfernsehens" (5,5 Stunden täglich bei Arbeitslosen im Vergleich zum Durchschnitt von 3,5 Stunden) sei nicht unerwähnt, dass man davon ausgehen muss, dass die Auswirkungen des Fernsehkonsums zu einer Verstärkung der schichtenspezifischen Unterschiede führen. Anstatt also sozial auszugleichen, bewirkt das Fernsehen zunehmende soziale Ungleichheit.

Noch einmal also in aller Kürze: Fernsehen macht dumm, vor allem die Kinder sozial schwacher Schichten. Es wird Zeit, dass wir über diesen sozialen Sprengstoff nachdenken. Wir sind es unseren Kindern schuldig. Und wir dürfen nicht länger zuschauen.

Literatur

1. Borzekowski DLG, Robinson TN. The remote, the mouse, and the No. 2 pencil. Arch Pediatr Adolesc Med 2005; 159: 607–13.
2. Hancox RJ, Milne BJ, Poulton R. Association of television viewing during childhood with poor educational achievement. Arch Pediatr Adolesc Med 2005; 159: 614–8.
3. Silva PA, Stanton WR. From Child to adult: The Dunedin multidisciplinary health and development study. Oxford: Oxford University Press 1996.
4. Spitzer M. Fernsehen und Kinder in Deutschland – Emotionen, Schulen, Körper und Geist. Nervenheilkunde 2003; 22: 113–5.
5. Spitzer M. Noise und Neuroplastizität: Umweltlärm und Sprachfähigkeit. Nervenheilkunde 2003; 22: 278–80.
6. Spitzer M. Arme virtuelle Realität: Kleinkinder und elektronische Medien. Nervenheilkunde 2004; 23: 183–5.
7. Spitzer M. Macht Punkt!: Tödliche Geschosse, Präsentations-Software und kognitiver Stil (Editorial). Nervenheilkunde 2004; 23: 123–6.
8. Spitzer M. Internet für die Mädchen! (Editorial). Nervenheilkunde 2004; 23: 186–7.
9. Spitzer M. Vorsicht Bildschirm. Stuttgart: Klett 2005.
10. Spitzer M. Gewalt im Fernsehen – aus medizinischer Sicht. In: Hänsel R , Hänsel R (Hrsg). Da spiel ich nicht mit! Auswirkungen von „Unterhaltungsgewalt" in Fernsehen, Video- und Computerspielen und was man dagegen tun kann. Eine Handreichung für Lehrer und Eltern. Donauwörth: Auer Verlag 2005; S. 88–104.
11. Zimmerman FJ, Christakis DA. Children's television viewing and cognitive outcomes. A longitudinal analysis of national data. Arch Pediatr Adolesc Med 2005; 159: 619–25.

Computer in der Schule?

Wir Deutschen sind zweifelsohne *die* Auto-Nation: Jeder siebente Arbeitsplatz hängt direkt oder indirekt vom Auto ab, ohne Auto geht nichts, und was dem Maler der Pinsel oder dem Schreiner die Säge, ist für sehr viele Berufe schlichtweg das Auto. Wer nicht Auto fahren kann, ist minderqualifiziert. Dann wäre es nur folgerichtig, den Führerschein in der Schule zu machen, oder? In den USA, wo ohne Auto auch nichts geht, hat man diesen Schritt vollzogen. Bei uns nicht.

Das Gymnasium, als die Schule, in der man das 18. Lebensjahr erreicht und daher den Führerschein erwerben würde, ist für Deutsch, Mathematik, Sprachen, Natur- und Geisteswissenschaften da, nicht jedoch für die Bewältigung des Lebens im Allgemeinen. Man müsste sonst ja auch Kochen, Putzen und Kontoführung unterrichten. So das Argument der Verfechter der „klassischen" Gymnasialfächer, die den Kanon nicht durch modischen Kleinkram, den man ja sowieso irgendwie lernt, aufgeweicht wissen wollen. Die sprichwörtliche Lebensunfähigkeit mancher Akademiker – die zerstreuten Professoren mit den zwei linken Händen allen voran – wird von den anderen als Argument angeführt, dass es höchste Zeit sei, diesen „Klassik-Snobismus" abzuschaffen.

Vor diesem Hintergrund wird in den vergangenen Jahren hierzulande heftig darüber diskutiert, ob man die neueste Errungenschaft der zivilisierten Welt – die Informationstechnik – zum Schulfach erheben muss. Vieles scheint dafür zu sprechen: Auch wer nicht direkt an der Beschaffung und Bearbeitung von Informationen arbeitet, braucht einen Computer: Hier in der Klinik beispielsweise die Putzfrau (zur Bestellung von Putzmitteln), die Krankenschwester (zur Dokumentation), der Arzt (für alles und jedes) und sogar der Chef (der sich den Luxus, *nicht* am Computer zu arbeiten, nicht leisten kann). Kurz: Der Computer ist von sehr vielen Arbeitsplätzen nicht mehr wegzudenken. So gesehen erscheint die Einführung des Faches „Informationstechnik" nur folgerichtig.

Andererseits brauchen wir auch Motorsägen und Backöfen, oder eben die Autos und die Überweisungsscheine, und wir erheben all dies nicht zum Schulfach. Und denken gar nicht daran. Beim Computer hingegen ist das anders. Offenbar wird er nicht nur als Werkzeug für bestimmte Arbeiten angesehen, sondern als Werkzeug *für das Lernen selbst*. Glaubt man den Gurus von E-learning, Edutainment, computer literacy und Medienkompetenz, dann handelt es sich bei einem Computer um eine Art Hightech-Nürnberger Trichter, mit dem nun endlich – nach Jahrtausenden der Plage – das Lernen bei unseren Kindern wie von selbst gelingt.

Viele Eltern sind daher verunsichert und kaufen allein schon aus *diesem* Grund ihren Kindern einen Computer: Sie sollen es einmal besser haben; wir dürfen unseren Kindern nicht vorenthalten, was sie im Leben weiter bringt; wer einen PC nicht bedienen kann, ist von den Segnungen der modernen Gesellschaft ausgeschlossen (etwa wie derjenige, der nicht lesen kann). Und aus dem gleichen Grunde kaufen Kindergärten und Schulen Computer. Wie aber steht es um deren tatsächliche Auswirkungen? Lassen wir also das Wortgeklingel einmal beiseite und betrachten wir die Dinge nüchtern.

Die Investition in einen Computer ist, wie jeder weiß, die in ein teures und zugleich kurzlebiges Wirtschaftsgut. Wenn der PC nach drei Jahren nicht kaputt ist, so ist er auf jeden Fall völlig veraltet und damit wertlos. Dann ist das Geld für die Anschaffung erneut fällig, und so geht es weiter. Kaum ein Wirtschaftsgut hat einen derart hohen Preis bei einer derart kurzen Nutzungsdauer. Welcher Konsument aus der Gruppe sozial schwacher Bürger würde eine Wohnung oder ein Auto kaufen, die bzw. das nach zwölf bis 18 Monaten kaum noch etwas wert ist und nach drei Jahren nicht einmal mehr repariert oder überholt werden kann? Schon gar nicht würden dies Schulen oder Kindergärten tun. Beim Computer aber sollen alle eine Ausnahme machen.

Gewiss, man kann am PC Vokabeln lernen, denn er ist viel geduldiger als ein Mensch. Das Dumme ist nur: Kaum ein Zwölfjähriger verwendet den Computer dafür. Statt dessen wird geballert und anderer Unfug angestellt, weswegen Computer vor allem aggressiv und dick machen (8, s. auch Beiträge „Macht Fernsehen dick?", S. 70 ff., und „Milliarden für Tötungstrainingssoftware", S. 90 ff.).

Unter dem Schlagwort *computer literacy* erreichte jedoch der Gedanke, das Erlernen der Bedienung des Computers sei etwa so wichtig wie das Erlernen des Lesens, in den USA weite Verbreitung. Hierzulande ist es mit dem Schlagwort der *Medienkompetenz* nicht viel anders. Bei dieser handle es sich, so wird behauptet, um etwa das Gleiche wie bei der Lesekompetenz, also um eine „Schlüsselkompetenz", „Kernkompetenz" bzw. „Kulturtechnik". Bei Licht betrachtet sind mit den Ausdrücken *computer literacy* bzw. *Medienkompetenz* weder das Programmieren noch Boolsche Algebra oder andere grundlegende mit Bildschirm-Medien verbundene intellektuelle Tätigkeiten gemeint, sondern zunächst einmal nichts weiter als oberflächliche Kenntnisse verbreiteter Anwendersoftware. Damit wird faktisch das Beherrschen einiger Tricks und vor allem vieler Anwendungsprobleme und Fehlerquellen von Produkten der Firma Microsoft (wie Word oder PowerPoint) in seiner Bedeutung mit dem Lesen und Schreiben – im Englischen mit „literacy" bezeichnet – gleichgesetzt. Besonders kritisch zu betrachten ist die Tatsache, dass durch Schlagworte wie *computer literacy* oder *Medienkompetenz* gerade den verunsicherten Eltern aus sozial eher schwachen Schichten vorgegaukelt wird, sie würden etwas Gutes tun, wenn sie ihr knappes Geld in rasch veraltende Hard- und Software stecken (siehe oben). „Wenn Sie Ihr Kind nicht von klein auf vor den Computer setzen, dann ist sein Schicksal als Fließbandarbeiter oder Mülltonnenleerer besiegelt", suggeriert die Industrie – und viele Pädagogen stimmen fröhlich ein: Der Computer sei als Hilfsmittel des Lernens an modernen Schulen unverzichtbar. Und viele Eltern meinen daraufhin, sich den Computer für den Nachwuchs vom Munde absparen zu müssen. Wenn Medienkompetenz so wichtig ist wie Lesekompetenz, dann muss man in Bildschirm-Medien investieren, so der im Grunde unglaublich heimtückische Gedanke.

Heimtückisch ist der Gedanke deswegen, weil er gerade sozial schwache Familien zum Kauf eines Geräts verleitet – letztlich aus Angst und Sorge um die Zukunft der Kinder – und weil damit genau das Gegenteil dessen bewirkt wird, was die besorgten Eltern für ihre Kinder wollen.

Betrachten wir die Fakten zu den Auswirkungen des Computers auf Kinder einmal genau. Dessen Verwendung im frühen Kindergartenalter kann zu Aufmerksamkeitsstörungen führen, im späteren Kindergartenalter zu Lesestörungen. Im Schulalter bewirkt er soziale Isolation, wie zunächst amerikanische Studien (5, 7, 13) und mittlerweile auch deutsche Studien zeigen (14).

In diesem Zusammenhang ist eine kürzlich vorgelegte Auswertung von Daten der Pisa-Studie zum Einfluss der Verfügbarkeit von Computern auf die Leistungen in der Schule (3) von besonderer Bedeutung. Zunächst einmal sahen die PISA-Daten für den Computer gut aus: Ein Schüler mit Computer sei in Mathematik und im Lesen besser als ein Schüler ohne Computer. Betrachtet man die Daten jedoch genauer, zeigt sich ein ganz anderes Bild: Rechnet man den Einfluss des Elternhauses (sozioökonomischer Hintergrund, Bildungsstand, Beruf, Anzahl der Bücher im Haushalt und einige weitere Messgrößen) und der Schule (Klassengröße, Lehrerausbildung, Gelder für Lehr- und Lernmittel etc.) heraus, so ergibt sich: Ein Computer zu Hause korreliert jetzt negativ mit den Schulleistungen. Zudem zeigt sich, dass das Vorhandensein von Computern in der Schule *keinen Einfluss* auf die Schulleistungen hat. Dies betrifft jeweils das Rechnen und das Lesen.

Die Autoren kommentieren ihre Ergebnisse wie folgt: „*Das bloße Vorhandensein von Computern zu Hause führt zunächst einmal dazu, dass die Kinder Computerspiele spielen. Dies hält sie vom Lernen ab und wirkt sich negativ auf den Schulerfolg aus. [...] Im Hinblick auf den Gebrauch von Computern in der Schule zeigte sich einerseits, dass diejenigen Schülerinnen und Schüler, die nie einen Computer gebrauchen, geringfügig schlechtere Leistungen aufweisen als diejenigen, die den Computer einige Male pro Jahr bis einige Male pro Monat benutzen. [...] Auf der anderen Seite sind die Leistungen im Lesen und Rechnen von denjenigen, die den Computer mehrmals wöchentlich einsetzen, deutlich schlechter. Und das Gleiche zeigt sich auch für den Internetgebrauch in der Schule*" (3, S. 15f).

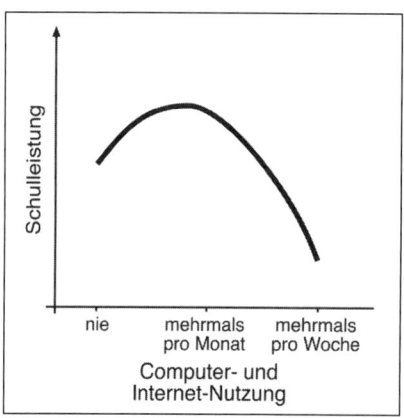

Abb. 1 Zusammenhang zwischen Computer-beziehungsweise Internetgebrauch und Schulleistungen.

Insgesamt zeigte sich also ein umgekehrt u-förmiger Zusammenhang zwischen Computer- und Internetgebrauch einerseits und Schulleistungen andererseits (Abb. 1). Am schlechtesten waren die Leistungen jeweils bei denjenigen, die Computer und Internet am häufigsten nutzten (wobei „häufig" als „mehrmals pro Woche" definiert war und die Kategorien „mehrmals täglich" oder „mehrmals stündlich" gar nicht vorkamen). Die Autoren sagen zudem sehr deutlich, dass die Zeit am Computer dem Lernen und auch der Kreativität abgeht, sodass ein insgesamt deutlich negativer Einfluss resultiert. Mit diesem Befund stehen die Autoren nicht alleine: Bereits 1998 zeigte die Übersicht von Kirkpatrick und Cuban (4) einen *negativen* Effekt von Computern auf die schulische Leistung (vgl. auch 6). Im Jahr 2002 publizierten Angrist und Levy (1) eine Studie, in der sie nachwiesen, dass computergestützter Unterricht den Schulerfolg negativ beeinflusst. Zudem ist bekannt, dass Computer-Kenntnisse sich nicht auf den Verdienst eines Arbeiters auswirken, Kentnisse in Mathematik oder Deutsch jedoch sehr wohl (2).

Zusammenfassend zeigt sich, dass ein Computer genau das Gegenteil dessen bewirkt, was Eltern für ihre Kinder wollen. Um es daher noch einmal klar zu sagen: Wer seinem Kind in körperlicher, geistiger und seelischer Hinsicht etwas Gutes tun will, der kaufe ihm *keinen* Computer! Und wer in Schule oder Kindergarten Verantwortung trägt, der sorge dafür, dass finanzielle Mittel nicht für Computer ausgegeben werden, sondern für Kreide und vor allem für die Einstellung guter Lehrer und Erzieher.

Literatur

1. Angrist J, Levy V. New Evidence on classroom computers and pupil learning. The Economic Journal 2002; 112: 735–65.
2. Borghans L, Weel B t. Are computer skills the new basic skills? The returns to computer, writing and math in Britain. Labour Economics 2004; 11: 85–98.
3. Fuchs T, Woessmann L. Computers and student learning: Bivariate and multivariate evidence on the availability and use of computers at home and at school. CESifo Working Paper 2004; No. 1321.
4. Kirkpatrick H, Cuban L. Computers make kids smarter – right? Technos Quarterly 1998; 7: http://www.technos.net/tq_07/2cuban.htm.
5. Kraut R, Lundmark V, Patterson M, Kiesler S, Mukopadhyay T, Scherlis W. Internet paradox. Am Psychol 1998; 53: 1017–31.
6. Openheimer T. The computer delusion. Atlantic Monthly 1997; 280: 45–62.
7. Sanders CE, Field TM, Diego M, Kaplan M. The relationship of internet use to depression and social isolation among adolescents. Adolescence 2000; 35: 237–42.
8. Spitzer M. Vorsicht Bildschirm!: elektronische Medien, Gehirnentwicklung, Gesundheit und Gesellschaft. Stuttgart: Klett 2005.
9. Spitzer M. Gewalt im Fernsehen – aus medizinischer Sicht. In: Hänsel R, Hänsel R (Hrsg). Da spiel ich nicht mit! Auswirkungen von „Unterhaltungsgewalt" in Fernsehen, Video- und Computerspielen und was man dagegen tun kann. Eine Handreichung für Lehrer und Eltern. Donauwörth: Auer Verlag 2005; S. 88–104.
10. Spitzer M. Arme virtuelle Realität: Kleinkinder und elektronische Medien (Geist & Gehirn). Nervenheilkunde 2004; 23: 183–5.
11. Spitzer M. Macht Punkt!: Tödliche Geschosse, Präsentations-Software und kognitiver Stil (Editorial). Nervenheilkunde 2004; 23: 123–6.
12. Spitzer M. Fernsehen und Kinder in Deutschland – Emotionen, Schulen, Körper und Geist (Editorial). Nervenheilkunde 2003; 22: 113–5.
13. Subrahmanyam K, Kraut R, Greenfield PM, Gross EF. The impact of home computer use on children's activities and development. Children and Computer Technology 2000; 10: 123–44.
14. Thalemann R, Thalemann C, Albrecht U, Grüsser SM. Exzessives Computerspielen im Kindesalter. Der Nervenarzt 2004; Suppl. 2: S186.

Milliarden für Tötungstrainingssoftware

Amerikanische Kinder und Jugendliche verbringen mehr Zeit vor dem Bildschirm als mit jeder anderen Tätigkeit außer Schlafen. Schon Zweijährige sitzen dort 2 Stunden vor dem Bildschirm (7). Ein Durchschnittsschüler hat in den USA nach Abschluss der Highschool (das heißt nach zwölf Schuljahren) etwa 13 000 Stunden in der Schule verbracht – und 25 000 Stunden vor dem Fernsehapparat. Der amerikanische Medizinerverband *American Medical Association* hat geschätzt, dass ein Kind nach Abschluss der Grundschule (also mit etwa zehn bis elf Jahren) bereits mehr als 8 000 Morde und mehr als 100 000 Gewalttaten im Fernsehen gesehen hat. Es wurde weiterhin geschätzt, dass Kinder, die in Haushalten mit Kabelanschluss oder Videorecorder aufwachsen, bis zum 18. Lebensjahr 32 000 Morde und 40 000 versuchte Morde gesehen haben und dass diese Zahlen für bestimmte Bevölkerungsgruppen in den Innenstädten noch weit höher liegen.

Hierzulande ist die Datenlage nicht viel besser: Der tägliche Fernsehkonsum liegt im Vorschulalter bei etwa 70 Minuten, im Grundschulalter (bei den Sechs- bis Neunjährigen) bei gut 1,5 Stunden und bei den 10- bis 13-Jährigen bei knapp zwei Stunden (8). Besitzt ein Kind ein eigenes Fernsehgerät, schaut es mehr fern. Der Anteil dieser Kinder nimmt zu und lag 1999 bei 29 %, im Jahr 2003 bei 37 %. Kinder aus den neuen Bundesländern schauen täglich etwa eine halbe Stunde länger fern und sie sehen mehr Privatsender. Gewalt kommt in 78,7 % aller Sendungen des deutschen Fernsehens vor (6), ein Wert, der noch zu Beginn der 90er-Jahre bei knapp 47,7 % lag. In Deutschland sehen 20 % der Jugendlichen jeden Tag durchschnittlich mindestens einen Horrorfilm (4).

Hinzu gesellt sich in den letzten Jahren schleichend und von vielen nicht wahrgenommen eine „Industrie", die das Fernsehen im Hinblick auf die Stärke der negativen Auswirkungen noch übertrifft: In Computer- und Videokonsolenspielen wird Gewalt nicht passiv konsumiert, sondern aktiv trainiert. Dies ist ein im Grunde unglaublicher Vorgang: In Zeiten des knappen Geldes, in denen – mit „Hartz IV" als einem „Wort des Jahres 2004" – die sozialen Probleme der Armut deutlich zunehmen, werden über alle Schichten der Bevölkerung hinweg von ahnungslosen (und oft wohlmeinenden Eltern) Milliarden ausgegeben, um unsere Kleinen im Töten zu perfektionieren. Denn genau dies wird in den Spielen trainiert, immer realistischer und immer grausamer. Die Folgen erleben wir alle, vor allem in Form einer immer größeren Abstumpfung gegenüber realer Gewalt bei gleichzeitiger Zunahme von Gewalt in allen Lebensbereichen. Das meiste davon bleibt in Schule und Familie, richtet Schaden an, führt aber nicht zu unmittelbaren Konsequenzen. Nur gelegentlich kommt es – die kleine Spitze des riesigen Eisbergs der Gewalt in unserem Alltag – zu Vorgängen wie in Passau, Bad Reichenhall, Meißen, Metten, Darmstadt, Brandenburg, Freising, Gersthofen, Erfurt oder Coburg mit insgesamt 30 Toten und weiteren Schwerverletzten (4).

Betrachten wir eines dieser Beispiele: Im November 1999 stürmte der 15-jährige Meißener Gymnasiast Andreas S. in sein Klassenzimmer und ermordete seine Lehrerin mit 22 Messerstichen. Der Täter hat eine Leidenschaft für Computer und vor allem für verbotene Spiele wie *Duke Nukem 3D*, das mit *„detailverliebten Tötungsanimationen wie das Wegspritzen von Blut- und Hautpartikeln, Wegsprengen ganzer Körperteile etc. alleine das Ziel, Fun-Erlebnisse zu vermitteln"* verfolgt, wie es in der Begründung für die Indizierung (also das Verbot dieses Spiels durch die *Bundesprüfstelle für jugendgefährdende Schriften*) heißt (2). Dort heißt es zudem: *„Das gnadenlose Abknallen nackter Frauen, die wehrlos gefesselt an der Decke hängen, finde ich, gelinde gesagt, daneben"*.

Dass diese Eigenschaften des Spiels gerade bei Kindern und Jugendlichen die Attraktivität erhöhen, zeigt ein inhaltlich entsprechendes Zitat aus einem Spiele-Magazin (PC-Player 7/96): *„Herumkullernde Augäpfel, wegspritzende Extremitäten und an der Wand herunterlaufende Blutspritzer sprechen für sich"* (2).

An anderer Stelle findet sich der Kommentar: *„Die Feder sträubt sich, den Inhalt solcher Computerspiele oder anderer Spiele wiederzugeben, die gegenwärtig Kinder und Jugendliche in den Umgang mit roher Gewalt, Hass und widerwärtiger Sexualität einführen"* (5).

Bei der überwiegenden Mehrzahl der Computer- und Videospiele handelt es sich um Software zum Trainieren von Gewalt, zur Abgewöhnung von Tötungshemmung und zur Abstumpfung gegenüber Mitgefühl und sozialer Verantwortung. Die Spiele wurden zum Teil explizit vom Militär entwickelt. Mit dem Spiel *America's Army* werden Kinder in die Details militärischer Organisationsformen und Arbeitsweisen, von Dienstrangbezeichnungen bis Erstürmungsstrategien, eingeführt. Dann lernen sie das Schießen auf Menschen, und wer das alles kann, hat bei einer Bewerbung bei der US-Armee eine bessere Chance oder wird gar von der Armee zwecks Rekrutierung kontaktiert. Was also hierzulande verboten ist – die Rekrutierung von Kindern –, praktiziert die US-Armee öffentlich und flächendeckend über das Internet.

Nun haben wir ja die *Bundeszentrale für politische Bildung* als staatlich finanzierte Einrichtung, von der man erwarten sollte, dass sie sich mit flächendeckendem Gewalttraining, mit Aufhetzung, Sexismus und Frauenverachtung kritisch auseinandersetzt. Umso nachdenklicher stimmt daher, dass eine Publikation zu diesem Thema aus diesem Hause die Gefahren vollkommen ausblendet, worauf schon der Titel hinweist: *Computerspiele. Virtuelle Spiel- und Lernwelten*. Gespielt und gelernt wird das Töten. Davon jedoch wird nicht gesprochen. Stattdessen ginge es bei Computerspielen um „sensomotorische Fähigkeiten", „Bedeutungszuweisungen" im Kontext eines „kulturellen Rahmens", um „Regelkompetenz" sowie um „Motivation und Energie" (1). Zur Gewalt wird wie folgt Stellung genommen: *„Auf erkenntnistheoretischer Ebene besteht unter den Wissenschaftlern weithin Einigkeit, dass es im Hinblick auf die mediale Welt keine direkten Wirkungen von dieser auf die reale Welt gibt, egal, ob die Inhalte gewaltorientiert sind oder nicht"* (3).

Diese Aussage ist – finanziert mit öffentlichem Geld – schlicht falsch. Wir wissen längst genug aufgrund methodisch sauber durchgeführter Studien. Wer etwas anderes behauptet, der lügt ebenso, wie es die Zigarettenindustrie getan hat, als sie trotz jahrzehntelang bereits vorliegender klarer Belege für einen Zusammenhang von Rauchen und Lungenkrebs immer wieder von Forschungsbedarf und den sich widersprechenden Wissenschaftlern gesprochen hat. Dies ist eine Taktik, die leicht zu durchschauen ist. Man denke nur an die entsprechenden Versuche der amerikanischen Regierung, den Zusammenhang zwischen Treibhausgasen und globaler Erwärmung zu leugnen und für mehr Forschung zu plädieren – ohne das Kyoto-Protokoll zu unterschreiben bzw. zu ratifizieren.

Es stimmt sehr nachdenklich, wenn in Deutschland solcher Unfug, der sich liest, als würde er von den Herstellern dieser Tötungstrainingssoftware stammen, mit öffentlichen Geldern bezahlt und verbreitet wird. Denn wenn wir das Problem nicht sehen bzw. weiter nichts tun, *dann sind wir Teil dieses Problems* (4).

Es stimmt weiterhin sehr nachdenklich, dass sehr viele Arbeiten aus der deutschen Medienforschungslandschaft für ein wirkliches Verständnis der Gefahren von Bildschirm-Medien wenig oder gar nicht brauchbar sind. Die internationale Forschungsliteratur wird entweder nicht zur Kenntnis genommen oder sie wird bagatellisiert. Wie so mancher (von der Tötungssoftwareindustrie gekaufter?) Medienforscher mit der Wahrheit umgeht, sei anhand eines Beispiels verdeutlicht. Stellen Sie sich vor, jemand würde bezweifeln, dass Zucker dick macht. Er könnte dann etwa wie folgt argumentieren (8):

▶ Erstens reagiert jeder anders auf Zucker. Der eine nimmt stark zu, der andere kaum. Also ist nichts bewiesen.

▶ Zweitens kommt es darauf an, in welchem Kontext Zucker gegessen wird: Auf Mutters Schoß ist das was ganz Tolles, der Zucker sorgt für Bindung etc. und die Mutter kann parallel zum Zuckergenuss erklären, wie schädlich der Zucker ist.

▶ Je mehr Zucker man isst, desto weniger mag man ihn. Zuckeressen ist also gut gegen den vielen Zucker.

▶ Es gibt so viele Theorien über den Zucker: Die Rezeptionstheorie besagt, dass es darauf ankommt, in welcher Umgebung und in welcher Stimmung man Zucker isst. Die Katharsistheorie sagt, dass Zuckeressen gut gegen das Zuckeressen ist. Die Persönlichkeitsvariablen-Theorie sagt, dass es von der Persönlichkeit abhängt, ob der Zucker dick macht. Und manche Ernährungswissenschaftler lehnen den Zucker in Bausch und Bogen ganz einfach ab, ohne die Komplexität der Zusammenhänge zu sehen. Wie kann man so naiv sein?

▶ Dick ist, wer sich nicht bewegt. Die Sache allein auf den Zuckerkonsum zu schieben, stellt eine unzulässige Vereinfachung dar. Dickleibigkeit ist ein multifaktorielles Geschehen. Wer behauptet, Zucker mache dick, sieht die Sache zu einseitig und liegt damit falsch.

▶ Es gibt viele Theorien und wir wissen nicht, welche stimmt. Also brauchen wir mehr Forschung im Bereich des Essens von Zucker. Und bis dahin können wir nichts aussagen. Also lassen wir unsere Kinder ruhig weiter Zucker essen. Die Konservativen aus der Anti-Zucker-Ecke wollen uns doch bloß den Spaß verderben.

▶ Zucker ist nicht gleich Zucker. Es gibt auch guten Zucker in Äpfeln und Birnen; wie kann man behaupten, dass Zucker schlecht ist und dick macht?

► Und übrigens habe ich eine Tante, die gerne und viel Zucker isst, und die ist ganz dünn.

Diese Argumentation wird dem Leser absurd erscheinen. Genauso wird jedoch immer wieder im Hinblick auf Gewalt in Bildschirm-Medien wie Fernsehen und Videospielen argumentiert. Auch und gerade von Medienforschern und -pädagogen.

Keines der oben angeführten Argumente ist in der Lage, den ganz einfachen, ganz allgemeinen Zusammenhang zwischen Zuckerkonsum und Fettleibigkeit zu entkräften. Es ist ein statistischer Zusammenhang, und er ist eindeutig nachgewiesen. Nicht anders ist es mit dem Zusammenhang zwischen Gewalt in den Medien und realer Gewalt. Jeder kennt einen 80-Jährigen, der geraucht hat wie ein Schlot und schließlich vom Lastwagen überfahren wurde oder einen 30-Jährigen, der nie geraucht hat und an Lungenkrebs verstorben ist. Dies spricht jedoch keineswegs gegen den Zusammenhang zwischen Rauchen und Lungenkrebs, der übrigens etwa so groß ist wie der zwischen Bildschirm-Medienkonsum und realer Gewalt. Machen wir uns nichts vor. Es wird Zeit, dass wir handeln und dafür sorgen, dass unsere Kinder in ihrer Freizeit etwas anderes lernen als Aggression und Gewalt.

Literatur

1. Fritz J, Fehr W. Warum eigentlich spielt jemand Computerspiele? In: Fritz J, Fehr W (Hrsg). Virtuelle Spiel- und Lernwelten. Bonn: Bundeszentrale für politische Bildung 2003; S. 10–24.
2. Fromm R. Digital spielen – real morden? Shooter, Clans und Fragger: Computerspiele in der Jugendszene. Marburg: Schüren Verlag 2003.
3. Fritz J, Fehr W. Virtuelle Gewalt. Modell oder Spiegel. In: Fritz J, Fehr W (Hrsg). Virtuelle Spiel- und Lernwelten. Bonn: Bundeszentrale für politische Bildung 2003; S. 49–60.
4. Hänsel R, Hänsel R. Einführung. In: Hänsel R, Hänsel R (Hrsg). Da spiel ich nicht mit! Auswirkungen von „Unterhaltungsgewalt" in Fernsehen, Video- und Computerspielen und was man dagegen tun kann. Eine Handreichung für Lehrer und Eltern. Donauwörth: Auer-Verlag 2005; S. 5–7.
5. Kroeber-Riel W, Weinberg P. Konsumentenverhalten. München: Verlag Franz Vahlen 2003.
6. Lukesch H, Bauer C, Eisenhauer R. Das Weltbild des Fernsehens: eine Untersuchung der Sendungsangebote öffentlich-rechtlicher und privater Sender in Deutschland. Band 1: Ergebnisse der Inhaltsanalyse zum Weltbild des Fernsehens (Zusammenfassung). Regensburg: Roderer 2004.
7. Spitzer M. Arme virtuelle Realität: Kleinkinder und elektronische Medien. Nervenheilkunde (Geist & Gehirn) 2004; 23: 183–5.
8. Spitzer M. Vorsicht Bildschirm. Elektronische Medien, Gehirnentwicklung, Gesundheit und Gesellschaft. Stuttgart: Ernst Klett Verlag 2005.

Bedeutungen vermessen

Google, Peter Maffay und die Rolling Stones

Bedeutungen vermessen zu wollen, ist das nicht zu vermessen? Bedeutung ist doch Gegenstand der Geisteswissenschaft, zugänglich durch Verstehen und Interpretieren und nicht zugänglich der gemeinhin den Naturwissenschaften zugeordneten Methodik des Messens. Dies hat den schweizerischen Psychiater Carl Gustav Jung (3) nicht davon abgehalten, sich über das Thema der objektiven Vermessung von Bedeutung mittels Wortassoziationen bei Eugen Bleuler (dem Namensgeber der Schizophrenie) zu habilitieren. Die Amerikaner Kent und Rosanoff (4) trieben diese Gedanken weiter, publizierten die Wortassoziationen von 1 000 gesunden Versuchspersonen (sowie von 247 geisteskranken Patienten) und gingen als erstes völlig ohne jede Interpretation an diese Daten heran: Sie zählten einfach die häufigsten Antworten auf die Frage, „Was fällt Ihnen ein, wenn ich das Wort X sage?", wobei eine Liste von 100 häufigen Wörtern durchgegangen wurde (vgl. die Zusammenfassung 8). Man erhält so Daten darüber, was Hinz und Kunz wozu einfällt (vgl. 7).

Man kann aus solchen Daten semantische Netzwerke basteln, d. h. Wörter gemäß ihrer Bedeutung so anordnen, dass bedeutungsähnliche Wörter „im Netz" nahe beieinander liegen. Schwierig ist dabei natürlich, dass ein solches Netz nicht notwendigerweise zwei Dimensionen hat und sich deshalb gegen das Zu-Papier-Bringen sträubt. Man findet daher in der Literatur meist auch nur „Karikaturen" oder „Sketche", also sehr kleine solcher Netzwerke, die in aller Regel nur illustrativ gemeint sind (Abb. 1), nicht hingegen größere, ausgefeilte, „ernst gemeinte", wirkliche Bedeutungsnetzwer-

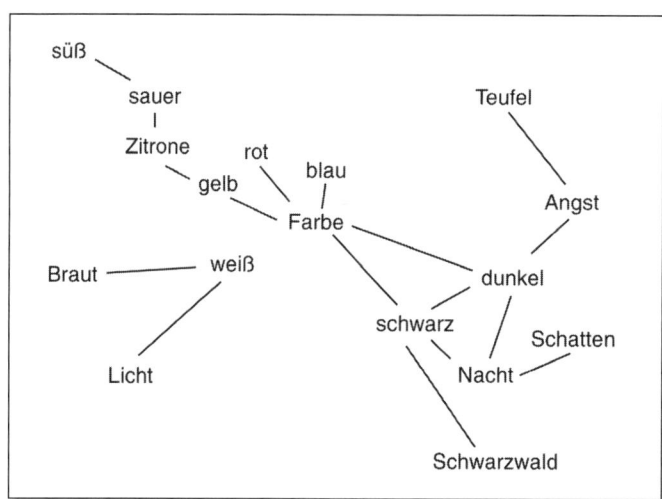

Abb. 1 Semantisches Netzwerk (nach Spitzer 1993), wie man es anhand von Wortassoziationen generieren kann.

94

ke. Ebenso wenig gibt es irgendwo in Deutschland irgendwen, der jedes Jahr tausende von Leuten nach ihren Standardassoziationen fragt, um auf diese Weise eine Art Bestandsaufnahme der Bedeutungslandschaft in deutschen Köpfen zu machen. Dies wäre nicht nur für Forschungszwecke sehr praktisch, sondern hätte wahrscheinlich sogar jede Menge praktische (um nicht zu sagen: vermarktbare) Anwendungen.

Der amerikanische Psychologe Charles Osgood (6) entwickelte zusammen mit Percy Tannenbaum (5) die Vermessung von Bedeutung weiter. Auf sie geht das so genannte *semantische Differential* zurück, ein Verfahren, bei dem gegensätzliche Eigenschaftspaare mit Hilfe einer 7-stufigen, bipolaren Skala vorgegeben werden. Mit Hilfe dieser Eigenschaftspaare sollen Versuchspersonen dann ein Wort (einen Begriff) bewerten bzw. einschätzen, sodass sich ein allgemeines Profil ergibt, wenn man den Mittelwert aller Bewertungen errechnet. Betrachten wir ein Beispiel: Stellen Sie sich vor, es ginge um die Bedeutung von „Urlaub". Dann werden Sie darum gebeten, Urlaub anhand der Eigenschaftspaare in Tabelle 1 einzuschätzen.

Dies geschieht mit vielen Versuchspersonen, und anschließend wird das Profil von „Urlaub" durch Mittelwertbildung errechnet. Nun stellen Sie sich vor, Sie würden auf die gleiche Weise „Arbeit" einschätzen. Dann erhielte man sicherlich ein anderes Profil (Abb. 2).

Man kann nun durch Verfahren der Datenreduktion (z.B. Faktorenanalyse) diese Profile nochmals auf zugrunde liegende Strukturen hin untersuchen und erhält dann einen dreidimensionalen Raum, der durch die Dimensionen Bewertung (gut–böse), Aktivität (aktiv–passiv) und Potenz (stark–schwach) aufgespannt wird (Abb. 3).

Tab. 1 Gegensätzliche Eigenschaftspaare zur Bewertung im Rahmen des semantischen Differentials.

Gegensatzpaar und Einschätzung von 1 bis 7							
wertvoll	1	2	3	4	5	6	7	wertlos
schmutzig	1	2	3	4	5	6	7	sauber
geschmackvoll	1	2	3	4	5	6	7	geschmacklos
schnell	1	2	3	4	5	6	7	langsam
aktiv	1	2	3	4	5	6	7	passiv
schwach	1	2	3	4	5	6	7	stark
groß	1	2	3	4	5	6	7	klein
angespannt	1	2	3	4	5	6	7	entgespannt
planvoll	1	2	3	4	5	6	7	ziellos
ernst	1	2	3	4	5	6	7	humorvoll
sozial	1	2	3	4	5	6	7	unsozial
kleinlich	1	2	3	4	5	6	7	freizügig
einfach	1	2	3	4	5	6	7	komplex
verletzend	1	2	3	4	5	6	7	entgegenkommend
optimistisch	1	2	3	4	5	6	7	pessimistisch

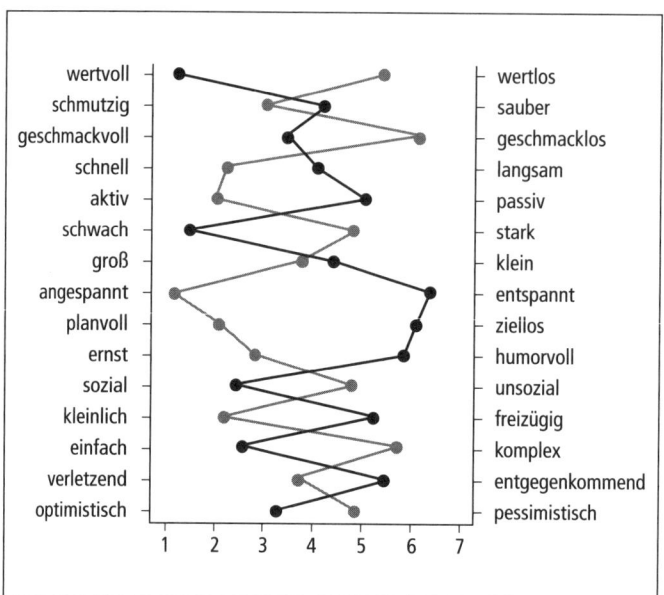

Abb. 2 Fiktives Beispiel zweier Profile für Urlaub (schwarze Punkte, schwarze Linie) sowie für Arbeit (graue Punkte, graue Linie).

Das Problem auch dieser Art der Vermessung von Bedeutung besteht darin, dass die Methode arbeitsaufwändig ist: Viele Versuchspersonen müssen viele Wörter (Begriffe) bearbeiten – allein zum Zweck der Datenerhebung. Es ist daher von kaum zu unterschätzender Bedeutung, dass seit Anfang der 90er-Jahre ganz neue „Bedeutungsdaten" zur Verfügung stehen, weil sehr viele Menschen sich dauernd auf maschinell vermittelte Weise sprachlich mit der Welt (d. h. mit Bedeutungen) auseinandersetzen.

Gemeint ist das Internet. Wir diskutierten bereits vor längerer Zeit dessen „kreatives" Potenzial am Beispiel des Internetbuchladens Amazon, der anhand der eigenen Einkäufe und der Einkäufe vieler anderer Menschen kluge Vorschläge machen kann. Wenn man selber die Bücher A, B und C gekauft hat und hundert andere Menschen, die ebenfalls diese Bücher kauften, auch das Buch D erworben haben, ist die Wahrscheinlichkeit durchaus nicht gering, dass man Buch D gleichfalls interessant findet. Das Gleiche gilt natürlich auch für Tonträger oder Filme, und wären die Menschen bei Kleidung und Nahrungsmitteln nicht so eigen, würde es hierfür sicherlich auch zutreffen (11). Die Möglichkeit, im Internet durch Handel mit Informationen das Wissen vieler Menschen anzuzapfen, ist seit einiger Zeit bekannt (12).

Hinzu kommt nun die auf holländische Mathematiker zurückgehende *normierte Google-Distanz* (NGD), ein Abstandsmaß für die „Bedeutung" zweier Wörter/Begriffe, das mittels der Suchmaschine Google ermittelt wird. Wie jeder weiß, kann man mit einer Suchmaschine Seiten im weltumspannenden Datennetz suchen, die ein bestimmtes Wort enthalten. Die Idee hinter der normierten Google-Distanz sei anhand eines Beispiels erläutert (2).

Stellen Sie sich zwei Begriffe vor, deren Bedeutung verwandt ist, also z. B. „Pferd" und „Reiter". Sucht man nun nach „Pferd", erhält man in Google 1 020 000 Hits, sucht man

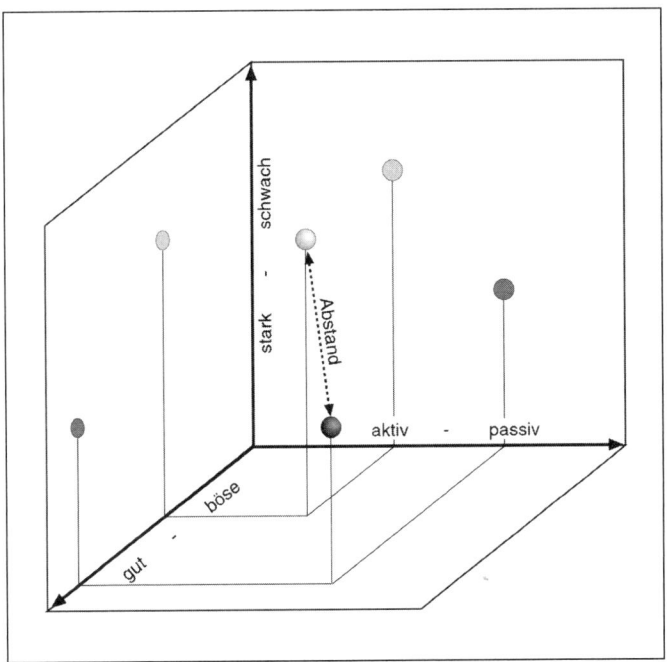

Abb. 3 Dreidimensionaler semantischer Raum (fiktives Beispiel aus Abb. 2), in dem zwei Begriffe – Urlaub (schwarz) und Arbeit (weiß) – lokalisiert sind.

nach „Reiter", sind es 713 000 Hits; sucht man nach Seiten, die beide enthalten, kommt man auf 670 000 Hits. Die Google-Eingangsseite (www.google.de) vom 15. März 2005 weist aus, dass die Maschine auf 8 058 044 651 Seiten sucht. Hieraus lassen sich die Wahrscheinlichkeiten des Auftretens von „Pferd" (1 020 000 : 8 058 044 651 = 0,000127) wie auch von „Reiter" (713 000 : 8 058 044 651 = 0,000088) auf allen deutschsprachigen Google-Seiten berechnen. Weiterhin lässt sich die Wahrscheinlichkeit für das gleichzeitige Auftreten von „Pferd" und „Reiter" auf einer Seite mit 670 000 : 8 058 044 651 = 0,000083 berechnen.

Bedingte Wahrscheinlichkeiten ergeben sich dann wie folgt: Die Wahrscheinlichkeit für das Auftreten von „Pferd" auf allen Seiten, auf denen schon „Reiter" vorkommt, beträgt 0,000083 : 0,000127 = 0,65; die Wahrscheinlichkeit für das Auftreten von „Reiter" auf allen Seiten, auf denen schon „Pferd" vorkommt, beträgt 0,000083 : 0,000088 = 0,94.

Ein erster Ansatz für das Abstandsmaß ist der kleinere der beiden Werte der bedingten Wahrscheinlichkeiten. Man kann sich dies so vorstellen, dass man damit gleichsam die *Worst-case*-Annahme macht, d. h. sich bei einem asymmetrischen begrifflichen Zusammenhang auf die schwächere Richtung verlässt. Zur Berechnung des Abstandes wird schließlich der negative Logarithmus der bedingten Wahrscheinlichkeiten verwendet, zusätzlich wird auf das Maximum der negativen Logarithmen der Einzelwahrscheinlichkeiten normiert. Durch Kürzen und Vereinfachen ergibt sich dann eine Formel für die Berechnung der NGD (Abb. 4), in der nur noch die Logarithmen der Hits und die Logarithmen der Gesamtzahl der Seiten auftreten (Tab. 2). Diese Formel für den normierten Google-Abstand (NGD) liefert für jeweils zwei Wörter einen normierten Abstand

Abb. 4 Formel zur
Berechnung der NGD
und Beispielrechnung
für den Abstand von
„Pferd" und „Reiter".

$$\text{NGD}\,(x, y) = \frac{\max\{\log f(x), \log f(y)\} - \log f(x, y)}{\log M - \min\{\log f(x), \log f(y)\}}$$

$$\text{NGD}\,(\text{Pferd, Reiter}) = \frac{\max\{\log f(\text{Pferd}), \log f(\text{Reiter})\} - \log f(\text{Pferd, Reiter})}{\log M - \min\{\log f(\text{Pferd}), \log f(\text{Reiter})\}}$$

$$\text{NGD}\,(\text{Pferd, Reiter}) = \frac{\max\{6.0086, 5.8531\} - 5.8261}{9.9062 - \min\{6.0086, 5.8531\}}$$

$$\text{NGD}\,(\text{Pferd, Reiter}) = \frac{6.0086 - 5.8261}{9.9062 - 5.8531}$$

$$\text{NGD}\,(\text{Pferd, Reiter}) = 0.045$$

Abb. 4 Formel zur Berechnung der NGD und Beispielrechnung für den Abstand von „Pferd" und „Reiter".

im Hinblick auf deren Auftreten im *World Wide Web* und zeigt damit das Ausmaß der gemeinsamen Verwendung dieser Wörter durch sehr viele Menschen an (Abb. 4).

Die NGD für Pferd und Reiter beträgt hiermit 0,045, beide liegen also sehr nahe beieinander. Betrachten wir weitere Beispiele: „Sauerkraut" und „Bohrmaschine" haben den Abstand 0,658, „Zange" und „Bohrmaschine sind sich mit 0,366 schon näher; noch näher sind sich die „Orgel" und das „Saxophon" (0,227), und „Mutter" und „Vater" (0,139) werden nur noch von „Hund" und „Katze" (0,137) überboten oder natürlich, wie schon gesehen, vom Pferd und seinem Reiter. Man sieht klar: Der normierte Google-Abstand bildet die Entfernung der Bedeutung zweier Wörter durchaus irgendwie ab. Und das Schöne ist: Man braucht nichts weiter als die Suchmaschine Google, und schon kann man den Abstand messen – ohne dass irgendwer irgendwelche Daten eingibt. Das erledigen gewissermaßen die vielen Benutzer des WWW ganz automatisch durch eben ihr Tätigsein im Netz.

Berechnet man von einer ganzen Reihe von Wörtern jeweils paarweise die Google-Abstände und rekonstruiert diese in einem zweidimensionalen Raum (durch das Verfahren der multidimensionalen Skalierung), ergeben sich Landkarten von Wörtern, deren Topographie die Bedeutungsabstände wiedergibt (Abb. 5). Bei der Reduktion der Daten auf zwei Dimensionen kann Information verloren gehen. Die Motivation für eine zwei-

Tab. 2 Benötigte Daten zur Berechnung der NGD für „Pferd" und „Reiter". Für die Formel genügen die Hits, man braucht nicht die Wahrscheinlichkeiten.

	Pferd (x)	Reiter (y)	Pferd & Reiter (x, y)	Alle Google-Seiten (M)
f = Hits	1 020 000	713 000	670 000	8 058 044 651
log (f)	6,0086	5,8531	5,8261	9,9062

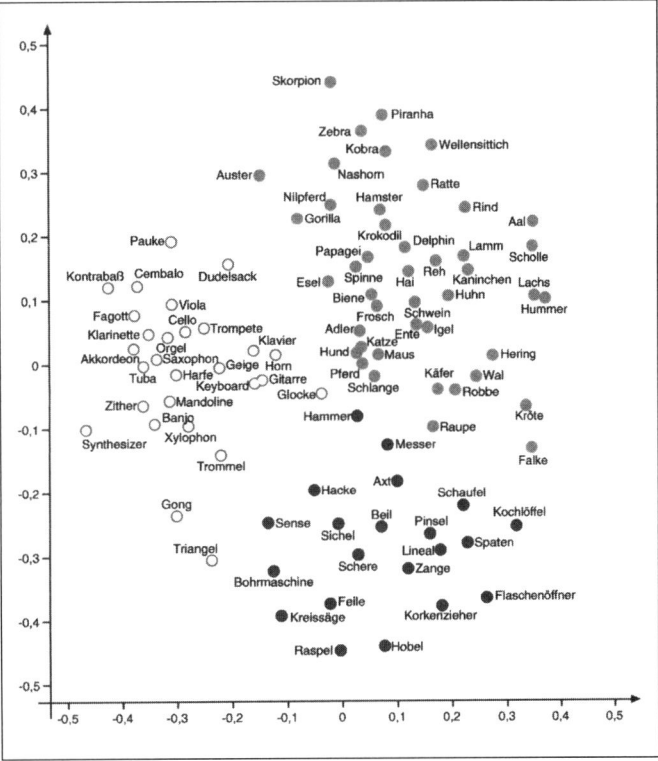

Abb. 5 Topographie von Musikinstrumenten (weiße Punkte), Tieren (graue Punkte) und Werkzeugen (schwarze Punkte) unter Verwendung der NGD und einer Datenreduktion auf zwei Dimensionen. Das Verfahren bildet Ähnlichkeiten der Bedeutung recht schön ab. Auffällig ist, dass der Hammer nahe bei den Instrumenten liegt. Dies dürfte durch die vielen Hämmer in Klavieren bedingt sein.

dimensionale Karte besteht jedoch keineswegs nur darin, dass man diese besser drucken bzw. sich vorstellen kann. Auch das Gehirn verwendet bekanntermaßen zweidimensionale kortikale Karten zur Repräsentation statistischer Inputeigenschaften (8).

Szenenwechsel: Am 25. Februar 2005 in *3 nach 9*, der ältesten Talkshow von *Radio Bremen*. Neben mir sitzen neben den beiden Moderatoren u. a. der Werbefachmann Jean Remy von Matt („Geiz ist geil"), die Autorin und Sportjournalistin Christa Haas, die Sophie-Scholl-Darstellerin Julia Jentsch und die Pop-Ikone Peter Maffay. Der wird nach seinem schlimmsten Bühnenerlebnis gefragt, und vielleicht, weil ich als Hobbymusiker bei dieser Frage gut mitfühlen konnte, blieb mir seine Antwort in guter Erinnerung. Im Jahr 1982 sei er als Vorgruppe der Rolling Stones aufgetreten und vom Publikum, das die Stones hören wollte, ausgebuht worden (1). Die weitere Diskussion ergab, dass Herr Maffay am wenigsten dafür konnte: Die Manager der Stones hatten es sich bei deren Welttournee zur Gewohnheit gemacht, im jeweiligen Land einfach die jeweils umsatzstärkste Rock-Gruppe als Vorgruppe zu engagieren. Dies waren zu diesem Zeitpunkt nun einmal Peter Maffay und Band. Und so kam es, wie es kommen musste: Weder die Fans noch die Band hatten Spaß – im Gegenteil (und darüber wird noch heute geredet!).

Hätte es damals schon das World Wide Web gegeben und hätten die Organisatoren von Konzerten auch nur halb soviel Gehirnschmalz besessen wie der Computer von

Amazon, dann wäre das Desaster nicht passiert! Warum ich das behaupte? – Ganz einfach: Man berechne den normierten Google-Abstand von „Peter Maffay" und „Rolling Stones" (0,220), vergleiche ihn mit, sagen wir, dem von „Sauerkraut" und „Vanilleeis" (0,238) und – voilà – schon wird klar, dass Maffay und die Stones etwa so zueinander passen wie das erwähnte fermentierte Krautgemüse und die kalte Süßspeise.

Vor der Sendung unterhielt ich mich ausgezeichnet mit Herrn von Matt, schließlich *tut* er das seit 30 Jahren, was mich seit gut 15 Jahren wissenschaftlich umtreibt: Er assoziiert, auf kreative Weise. Der Slogan „Geiz ist geil" wurde aus über 400 kurzen Sprüchen ausgewählt – und in diesem Auswählen steckt vor allem die Leistung des Werbefachmanns, eine Leistung, die durch keinen Computer zu ersetzen ist. Das erste Vermessen von Bedeutungsräumen, das Aufspannen von Suchräumen sowie das Generieren von Assoziationen ließe sich jedoch mittels des hier vorgestellten Verfahrens optimieren. Es verwundert, dass sich die Fachleute hier allein auf die menschliche Einfallsgabe verlassen, wissen wir doch alle, wie leicht es ist, „auf dem Schlauch" zu stehen, vor allem dann, wenn der Einfall wichtig ist und unbedingt kommen muss. (Wir wissen, dass er dann garantiert nicht kommt!)

Weitere Anwendungen sind denkbar, immer im Hinblick darauf, dass psychologische Forschung an sehr vielen Menschen *ganz ohne Versuchspersonen* betrieben werden kann. Die Tatsache, dass sehr viele Menschen maschinell miteinander in Beziehung treten und diese Daten in digitalisierter Form vorliegen, eröffnet also ganz neue Möglichkeiten. So ließen sich heute dank digitaler Massensuche im alles umspannenden Datennetz auch die Oberkrainer als Vorprogramm von Peter Maffay (NGD: 0,614) definitiv verhindern.

Literatur

1. Amend C, Lebert S. „Ja, ich bekenne mich schuldig" (Interview mit Peter Maffay). Der Tagesspiegel, 18. Februar 2001.
2. Cilibrasi R, Vitanyi P. Automatic meaning discovery using Google. Computer Science 2004; abstract cs.CL/0412098.
3. Jung CG. Experimentelle Untersuchungen (Gesammelte Werke, Bd. 2). Walter, Olten & Freiburg 1906/1979.
4. Kent GH, Rosanoff AJ. A study of associations in insanity. Am J Insanity 1910; 66/67: 37–47 (part I), 317–90 (part II).
5. Osgood CE, Suci GJ, Tannenbaum PH. The measurement of Meaning, University of Illionois: Urbana 1957.
6. Osgood CE. The Nature and Measurement of Meaning. Psychol Bull 1952; 3: 197–237.
7. Russell WA. The complete German language norms for responses to 100 words from the Kent-Rosanoff word association test. In: Postman L, Keppel G (Hrsg). Norms of Word Association. New York: Academic Press 1970;S. 53–94.
8. Spitzer M. Word-Associations in experimental psychiatry: A historical perspective. In: Spitzer M, Uehlein FA, Schwartz MA, Mundt C (Hrsg). Phenomenology, Language & Schizophrenia. New York: Springer-Verlag 1992; S. 160–96.

9. Spitzer M. Assoziative Netzwerke, formale Denkstörungen und Schizophrenie: Zur experimentellen Psychopathologie sprachabhängiger Denkprozesse. Der Nervenarzt 1993; 64: 147–59.
10. Spitzer M. Geist im Netz. Modelle für Denken, Lernen und Handeln. Heidelberg: Spektrum Akademischer Verlag 1996.
11. Spitzer M. Von Amazon.com zum denkenden Planeten. (Editorial). Nervenheilkunde 2000; 19: 356–7.
12. Spitzer M. Märkte für Informationen: Populationsvektoren und Politik, kollektives Wissen und virtuelles Geld. (Editorial). Nervenheilkunde 2004; 23: 68–72.

Spinnen, Schlangen und Menschen

Der Mandelkern und die Angst vor Fremden

Menschen haben Angst vor Spinnen und Schlangen, nicht aber vor Autos und Steckdosen, obwohl diese weitaus gefährlicher sind. Warum ist das so? – Die amerikanische Psychologin Susan Mineka führte bereits in den 80er-Jahren des letzten Jahrhunderts Experimente an Affen zum Erlernen von Angst durch, deren verblüffende Ergebnisse in Richtung auf eine Antwort zeigen (1, 5, 6, 8). Zugleich wurde durch sie ein ganzes Forschungsfeld neu eröffnet.

Mineka filmte Affen, wie sie sich vor einer Schlange, die vor ihnen lag, ängstigen. Dann bearbeitete man die Videos so, dass man die Schlange am Videoschneidetisch entfernte und ein anderes Objekt an der gleichen Stelle einfügte. Bei diesem Objekt handelte es sich entweder um eine Spielzeugschlange, eine Spielzeugspinne oder beispielsweise ein Spielzeugauto. Diese veränderten Videos spielte man dann anderen Affen vor, die also sahen, wie sich ein Artgenosse vor einem Objekt ängstigte. Man wusste bereits, dass Affen Angst vor etwas auch dann lernen, wenn sie einen anderen ängstlichen Affen beobachten. Die Frage war nun, ob in diesem Experiment die Affen lernen, sich vor beliebigen Objekten in gleicher Weise zu ängstigen. Dies war nicht der Fall: Sahen die Affen, wie sich ihr Artgenosse vor einer Spielzeugschlange oder einer Spielzeugspinne ängstigte, so lernten sie rasch, sich selbst ebenfalls vor diesem Objekt zu ängstigen. Beobachteten sie jedoch einen Artgenossen, wie er sich vor einem Spielzeugauto ängstigte, so lernten sie die entsprechende Angst in geringerem Maß.

Die Ergebnisse ließen sich nicht anders deuten als dahingehend, dass es bei Affen eine Tendenz gibt, Angst vor ganz bestimmten Objekten eher zu lernen als vor anderen. Dies ist vor dem Hintergrund der eingangs gestellten Frage, warum es gerade Spinnen- und Schlangenphobien gibt, von großer Bedeutung: Hier zu Lande stirbt praktisch niemand am Kontakt mit Spinnen oder Schlangen, die Menschen sollten sich stattdessen vor Autos ängstigen, sorgen diese doch für einige 1 000 Tote pro Jahr. Von Autophobie hat man jedoch nichts gehört. Es scheint also so zu sein, als hätten wir, wie auch die von Susan Mineka untersuchten Affen, die Veranlagung, uns vor denjenigen Dingen zu ängstigen, die im Laufe der Evolution der Primaten und damit auch des Menschen für uns gefährlich waren. Dazu gehören Autos nicht, Schlangen und Spinnen aber durchaus.

Bereits vor knapp 10 Jahren konnten Dimberg und Öhman (3) zeigen, dass Angst auch vor wütenden, im Vergleich zu lachenden, Gesichtern leichter gelernt wird. Die Interpretation dieses Befundes ist ebenso klar: Im Laufe der Evolution unserer Vorfahren machte es nicht nur Sinn, eine Prädisposition dafür aufzuweisen, sich leichter vor Spinnen und vor Schlangen ängstigen zu lernen als vor anderen Objekten; es machte auch Sinn, eine Prädisposition dafür aufzuweisen, sich vor wütenden Menschen eher ängstigen zu lernen als vor fröhlich dreinschauenden.

Eine kürzlich erschienene Untersuchung von Olsson und Kollegen (10) erweitert diese Ergebnisse um den Sachverhalt der Rassenzugehörigkeit, einen Sachverhalt, der seit einigen Jahren bereits neurowissenschaftlicher Forschung zugänglich ist (13). Die Autoren untersuchten die Hypothese, dass Menschen die Angst vor einem Gesicht leichter lernen und vor allem nicht so schnell vergessen, wenn dieses Gesicht einer anderen Rasse angehört.

In einer ersten Untersuchung wurde zunächst das experimentelle Paradigma validiert: Die Versuchspersonen lernten, sich vor Schlangen oder Spinnen beziehungsweise vor einem Vogel oder einem Schmetterling zu ängstigen. Dies geschah dadurch, dass man ihnen z. B. das Bild eines Schmetterlings zeigte und gleichzeitig einen leichten, unangenehmen, aber nicht schmerzhaften elektrischen Stromstoß verabreichte. Beim Zeigen des Bildes eines anderen Schmetterlings erhielt die Versuchsperson keinen elektrischen Reiz und lernte daher auch nicht, bei diesem Bild mit Angst zu reagieren. Als Maß der Angstreaktion (abhängige Variable) wurde der Hautwiderstand (Hautleitfähigkeitsantwort; skin conductance response; SCR) gemessen, von dem bekannt ist, dass er auf angstbesetzte Stimuli anspricht. Das Ausmaß der gelernten Angstreaktion auf die Kategorie „Schmetterling" entspricht dann der Differenz zwischen dem Hautwiderstand beim Betrachten zweier Bilder von Schmetterlingen, bei denen Angst gelernt worden war, minus dem Hautwiderstand beim Betrachten von Bildern, bei denen keine Angst gelernt worden war. (Man verwendete zwei Bilder pro experimenteller Bedingung.)

Auf diese Weise wurden Unterschiede in der Reaktion der Hautleitfähigkeit auf die kategorial verschiedenen Stimuli auszugleichen versucht. Es ging also nur darum, um wie viel die Hautleitfähigkeit ansteigt, wenn man den Schmetterling sieht, der zuvor mit dem Schock verbunden war, im Vergleich zu dem Sehen eines Schmetterlings, der zuvor ohne elektrischen Schock wahrgenommen wurde. Entsprechendes gilt für die Stimuli der jeweils anderen Kategorien.

Danach folgte eine Löschungsphase, während der die vier zuvor gezeigten Bilder von Schmetterlingen ohne unangenehmen Stromstoß gezeigt wurden, sodass die Angstreaktion verlernt wurde. Erwartungsgemäß zeigte sich, dass die Angst vor Vögeln und Schmetterlingen wieder gelöscht werden konnte, die vor Schlangen und Spinnen hingegen nicht (Abb. 1). Dieses erste Experiment wurde mit 20 Versuchspersonen durchgeführt, wobei die Daten von 17 Versuchspersonen auswertbar waren (10).

Am zweiten, eigentlichen Experiment nahmen 36 Angehörige der weißen Rasse (20 Frauen) und 37 Angehörige der schwarzen Rasse (25 Frauen) teil. In diesem Experiment wurde, wie im ersten Experi-

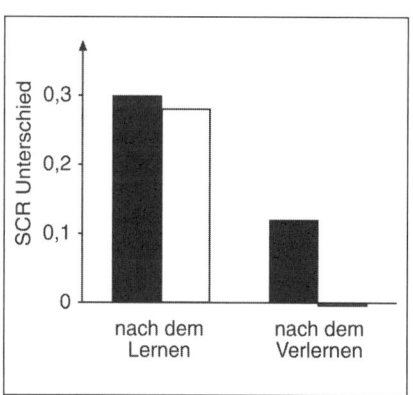

Abb. 1 Mittlere Angstreaktion nach dem Lernen (links) sowie nach dem Verlernen (rechts) auf Spinnen und Schlangen (schwarze Säulen) sowie auf Vögel und Schmetterlinge (weiße Säulen). Wie man sieht, wird die Angst vor den Spinnen und Schlangen nicht mehr vergessen (nach 1).

103

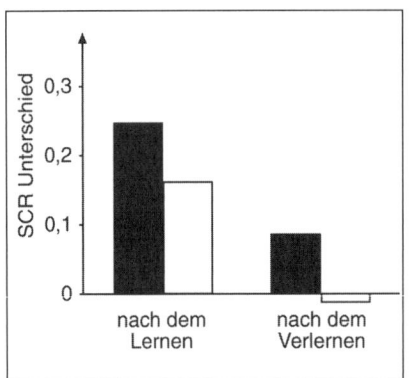

Abb. 2 Mittlere Angstreaktion nach dem Lernen (links) sowie nach dem Verlernen (rechts) auf Gesichter der jeweils anderen Rasse (schwarze Säulen) sowie auf Gesichter der gleichen Rasse (weiße Säulen) wie die Versuchspersonen. Die Angst vor den Gesichtern der anderen Rasse wird nicht mehr vergessen (nach 1).

ment beschrieben, die Angst vor Bildern gelernt, wobei es sich bei den Bildern um jeweils zwei unbekannte männliche Gesichter von schwarzen oder weißen Amerikanern handelte. Jeweils zwei andere unbekannte Gesichter (weiß/schwarz) wurden ohne unangenehme Stromstöße präsentiert. Wie sich am Hautwiderstand zeigte, wurde tatsächlich die Angst vor zwei bestimmten weißen und zwei bestimmten schwarzen Gesichtern gelernt. Danach erfolgte wieder die Löschungsphase, wobei sich zeigte, dass die Angst vor den Gesichtern dann wieder verlernt wurde, wenn sie der gleichen Rassen angehörten wie die Versuchsperson. Gehörten sie jedoch der jeweils anderen Rasse an, wurde die Angst nicht verlernt (Abb. 2).

Betrachtete man die Daten für schwarze und weiße Versuchspersonen getrennt, so zeigte sich jeweils das gleiche Bild: Die weißen Versuchspersonen verlernten die Angst vor weißen Gesichtern wieder, nicht jedoch die vor schwarzen Gesichtern, wohingegen die schwarzen Versuchspersonen die Angst vor schwarzen Gesichtern wieder verlernten, nicht jedoch die Angst vor weißen Gesichtern. Damit wurde zum ersten Mal gezeigt, dass Gesichter einer anderen Rasse – wie Spinnen und Schlangen – beim Menschen eine Prädisposition zum Erlernen (und nicht mehr Vergessen) von Angst auslösen. Wie mittels funktioneller bildgebender Verfahren durchgeführte Studien nahe legen, ist diese Prädisposition durch den Mandelkern vermittelt: Er wird beim Betrachten von Gesichtern einer anderen Rasse (als die der jeweiligen Versuchsperson) stärker aktiviert (4), und seine Aktivierung korreliert mit einem Test für unbewusste rassistische Vorurteile (2, 11). Mit diesen Studien wurde somit ein Mechanismus identifiziert, der Vorurteile gegenüber anders aussehenden fremden Menschen verursacht und aufrecht erhält. Das Tückische an diesem Mechanismus ist, dass er

1. unbewusst abläuft und
2. angeboren zu sein scheint.

Zu 1: Cunningham und Mitarbeiter (2) wiesen mittels ereigniskorrelierter funktioneller Magnetresonanztomografie (fMRT) unterschiedliche neuronale Korrelate bewusster und unbewusster Wahrnehmung von Gesichtern der eigenen beziehungsweise einer anderen Rasse nach: Weißen Versuchspersonen wurden im MR-Tomografen die Gesichter von weißen oder farbigen Amerikanern für jeweils entweder 30 oder 525 Millisekunden gezeigt. Alle Stimuli waren zeitlich in die Präsentation eines abstrakten Bildes eingebettet, was zur Folge hatte, dass bei der kurzen Einblendzeit kein Gesicht gesehen wurde (das Gesicht war maskiert). Bei gut einer halben Sekunde Darbietungszeit hingegen wurde das Gesicht klar gesehen.

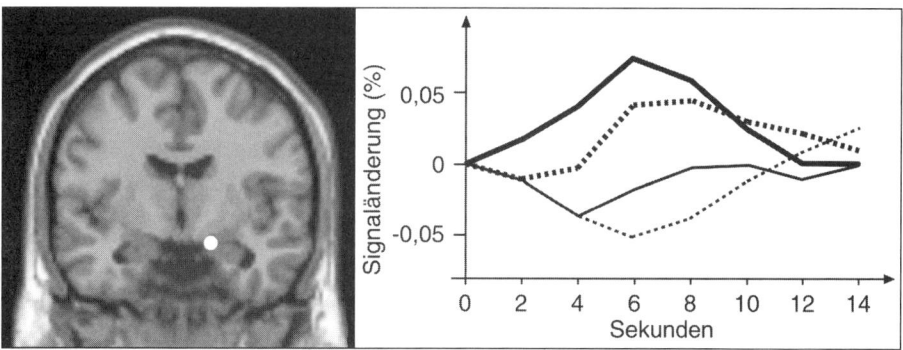

Abb. 3 Ungefähre Lage der Aktivierung des rechten Mandelkerns nach der maskierten Darbietung schwarzer versus weißer Gesichter bei 13 weißen Versuchspersonen (links) sowie zeitlicher Verlauf der Aktivierung in diesem Bereich bei der Darbietung schwarzer (dicke Linien) und weißer (dünne Linien) Gesichter für kurze (durchgezogene Linien) und lange (gestrichelte Linien) Darbietungszeit (2).

Bei der kurzen Gesichtsdarbietung zeigte sich – obwohl nichts gesehen wurde – in der fMRT eine Aktivierung des Mandelkerns bei farbigen im Vergleich zu weißen Gesichtern, die bei der längeren Wahrnehmungszeit geringer ausgeprägt war (Abb. 3). Die unbewusste Wahrnehmung von Gesichtern der anderen Rasse führte also zu einer größeren Aktivierung des Mandelkerns als die bewusste Erkennung und korrelierte mit einem Test, der unbewusste Rassenvorurteile misst (für eine kurze Darstellung des Tests siehe 13). Die Abnahme der Aktivierung des Mandelkerns bei bewusster Wahrnehmung der farbigen Gesichter ging mit der Aktivierung frontaler Areale einher, die bekanntermaßen einen kontrollierenden, dämpfenden Effekt auf automatische emotionale Aktivierungen haben können (14, Zusammenfassung).

Zu 2: Für die evolutionäre Entstehung eines automatischen und mit bestimmten Präferenzen ausgestatteten Angstmoduls sprechen nicht nur die oben beschriebenen Experimente an Primaten, sondern auch die Ergebnisse von Befragungen: Drei Studien, bei denen man Personen nach der evolutionären Bereitschaft zur Angst gegenüber bestimmten Stimuli (Objekte oder Situationen) befragte, ergaben hohe Werte (auf einer Skala von 1 bis 5) für genau diejenigen Stimuli, die klassischerweise klinisch bei Phobien eine Rolle spielen (vgl. Übersicht 6, 7). Anders ausgedrückt: Eine genetisch vermittelte Bereitschaft, sich vor Objekten und Situationen zu ängstigen, die wirklich gefährlich sind, hat ganz offensichtlich Überlebensvorteile und hat sich im Laufe der Evolution entwickelt. Daher gibt es Spinnen- und Schlangenphobien. Aber nicht nur diese, sondern zusätzlich auch – wie die Studie von Olsson und Mitarbeitern (10) erstmals zeigte – eine Bereitschaft zur Angst gegenüber Menschen, die einer anderen Rasse angehören.

Wie aber konnte sich die Angst vor Menschen einer anderen Rasse im Laufe der Evolution entwickeln? Bei der Angst vor den Spinnen und Schlangen (oder auch den wütenden Gesichtern) ist dies klar, schließlich gab es sie überall, an „Anschauungsmaterial" mangelte es also nicht. Bei der Angst vor Gesichtern anderer Rassenzugehörigkeit ist dies jedoch anders: Die menschlichen Rassen entstanden ja während der letzten

100 000 bis 200 000 Jahre gerade durch Wanderungsbewegungen und geografische Isolation. Rassen sind also genau deswegen entstanden, weil sich Vertreter unterschiedlicher Rassen nicht getroffen haben. Wie konnte sich dann die Angst vor Gesichtern einer anderen Rasse evolutionär entwickeln?

Zur Erklärung schlagen die Autoren vor, dass es sich bei der Angst vor einer anderen Rasse letztlich um einen Spezialfall der Angst vor Fremdem handelt. Im Laufe ihrer Evolution lebten die Menschen in Gruppen von einigen Dutzend bis etwa 150 Mitgliedern sehr eng zusammen und kooperierten innerhalb dieser Gruppen (16), lagen jedoch mehr oder weniger im Clinch mit anderen Gruppen. Die besondere Beachtung jeglicher Merkmale, die zur Unterscheidung von Mitgliedern der eigenen Gruppe von Mitgliedern anderer, fremder Gruppen herangezogen werden konnten, war daher überlebenswichtig. Die Evolution hat uns also gelehrt, besonders gut hinzuschauen; insbesondere bei anderen Menschen. Und sie hat uns gelehrt, Kategorien zu entwickeln wie die „einer von uns" versus „keiner von uns". Und schließlich haben wir die Tendenz, diese Kategorien zu überhöhen und den Mitgliedern alles Mögliche – *unbegründet* – zuzuschreiben („wir sind ..., die sind ..."), was insbesondere dann geschieht, wenn Angst im Spiel ist:

„*Fear has more insidious effects than to produce fright in response to a specific stimulus. Once we feel fear, we focus on escaping the situation rather than on in-depth evaluation of the real danger involved. Eventually, avoidance of not only the specific fear stimulus, but also of things associated with the dangerous situation, becomes based on anticipated rather than felt fear. In this way, avoidance precludes learning about a feared individual, making that person a blank slate for projections that serve to justify the fear. Hence, we are likely to demonise a feared person by thinking of the individual as dangerous, evil, and worthy of despise*"[1] (9).

Was kann getan werden? Zunächst scheint die Lage recht aussichtslos, anlässlich der evolutionären Entstehung und damit genetischen Veranlagung (15, 16) einerseits und der fehlenden Bewusstheit der beteiligten Prozesse andererseits. Die Studie von Olsson und Mitarbeitern (10) weist aber dennoch einen Ausweg: Man untersuchte in einer getrennten Analyse, ob die Tatsache, dass manche Versuchspersonen sich hin und wieder mit Mitgliedern der jeweils anderen Rasse trafen, einen Einfluss auf das Verlernen der Angst hatte. Und man wurde fündig: Die relative Häufigkeit von Rendezvous mit Partnern der anderen Rasse (bezogen auf die Häufigkeit von Rendezvous mit

---

1 Übersetzung dieses Zitates durch den Autor: „*Angst birgt weitaus tückischere Effekte als nur die Verursachung einer Fluchtreaktion auf einen bestimmten Stimulus. Wenn wir erst einmal Angst empfinden, konzentrieren wir uns auf das Flüchten anstatt auf die gründliche Beurteilung der wirklichen Gefahr. Damit wird mittel- bis langfristig die Vermeidung nicht nur des angstauslösenden Reizes selbst, sondern auch von allem, was mit der angstauslösenden Situation verbunden ist, auf eine vorweg genommene Angst gegründet, nicht jedoch auf die tatsächlich erlebte. Auf diese Weise verhindert das angstbedingte Vermeidungsverhalten, dass man über das gefürchtete Individuum etwas lernt; und dadurch wird diese Person ein unbeschriebenes Blatt für Projektionen, die dazu dienen, Ängste zu rechtfertigen. Insgesamt führt dieser Mechanismus zur Dämonisierung einer Person, vor der wir uns ängstigen, indem wir die Person als gefährlich, schlecht und verachtenswürdig betrachten.*"

Partnern der gleichen Rasse) korrelierte mit der Löschung von Ängsten vor entsprechenden Gesichtern. Mit den Worten der Autoren: *„Specifically, the conditioning bias to out-group faces was negatively correlated with the reported number of out-group, relative to in-group, romantic partners (...). In other words, the conditioning bias to fear racial out-group members was attenuated among those with more interracial dating experience"* (10). Es könnte natürlich auch sein, dass Menschen mit mehr (unbewussten) Ängsten gegenüber Vertretern einer anderen Rasse weniger dazu neigen, sich mit diesen zu treffen, geschweige denn, mit diesen ein Rendezvous zu haben. Andererseits gibt es jedoch eine ganze Reihe von Beobachtungen, die darauf hinweisen, dass der Kontakt zu anderen Gruppen entsprechende Vorurteile diesen gegenüber abbauen kann. Es wird Zeit, dass wir – nicht zuletzt angesichts der Globalisierung – über vermehrte Anstrengungen nachdenken, Kindern und Jugendlichen entsprechende Erfahrungen zu ermöglichen. Lassen wir nochmals die Autoren zu Worte kommen: *„Millennia of natural selection and a lifetime of social learning may predispose humans to fear those who seem different from them; however, developing relationships with these different others may be one factor that weakens this otherwise strong predisposition"* (10).

Literatur

1. Cook M, Mineka S. Observational conditioning of fear to fear-relevant versus fear-irrelevant stimuli in rhesus monkeys. J Abnorm Psychol 1989; 98: 448–59.
2. Cunningham WA, Johnson MK, Raye CL, Gatenby JC, Gore JC, Banaji MR. Separable neural components in the processing of black and white faces. Psychol Science 2004; 15: 806–13.
3. Dimberg U, Öhman A. Behold the wrath: Psychophysiological response to facial stimuli. Motiv Emot 1996; 20: 149–82.
4. Hart AJ, Whalen PJ, Shin LM, McInerney SC, Fischer H, Rauch SL. Differential response in the human amygdala to raciaal outgroup vs ingroup face stimuli. Neuroreport 2000; 11: 2351–5.
5. Mineka S, Davidson M, Cook M, Keir R. Observational conditioning of snake fear in rhesus monkeys. J Abnorm Psychol 1984; 93: 355–72.
6. Mineka S, Öhman A. Phobias and preparedness: The selective, automatic, and encapsulated nature of fear. Biol Psychiatry 2002; 52: 927–37.
7. Mineka S, Öhman A. Born to fear: non-associative vs associative factors in the etiology of phobias. Behav Res Ther 2002; 40: 173–84.
8. Öhman A, Mineka S. Fears, phobias, and preparedness: Toward an evolved module of fear learning. Psychol Rev 2001; 108: 483–522.
9. Öhman A. Conditioned fear of a face: A prelude to ethnic enmity? Science 2005; 309: 711–3.
10. Olsson A, Ebert JP, Banaji MR, Phleps EA. The role of social groups in the persistence of learned fear. Science 2005; 309: 785–7.
11. Phleps EA, O'Conner KJ, Cunningham WA, Funayama ES, Gatenby JC, Gore JC, Banaji. Performance on indirect measures of race evaluation predicts amygdala activation. J Cogn Neurosci 2000; 12: 729–38.
12. Phleps EA, O'Conner KJ, Gatenby JC, Gore JC, Grillon CG, Davis M. Activattion of the left amygdala to a cognitive representation of fear. Nature Neurosci 2001; 4: 437–41.
13. Spitzer M. Soziale Neurowissenschaft. Nervenheilkunde 2004; 23: 1–4.

14. Spitzer M. Frontalhirn an Mandelkern. Nervenheilkunde 2004; 23: 431–4
15. Spitzer M. Anlage und Umwelt. Von Krankheiten bis Meinungen. Nervenheilkunde 2005; 24: 551–6.
16. Spitzer M. Bedingungen von Kooperation. Transkulturelle Untersuchungen zu mikroökonomischen Entscheidungssituationen. Nervenheilkunde 2005; 24: 773–7.

Die innere Uhr[1]

Biologische Rhythmen und ihre Bedeutung für die Gesellschaft

Viele biologische Vorgänge laufen in Rhythmen ab. Dies liegt zum Teil daran, dass sich die Lebensbedingungen von Pflanzen und Tieren über astronomisch determinierte Perioden (also über den Tag oder über das Jahr) ändern, zum Teil aber auch daran, dass bestimmte biologische Vorgänge besser oder überhaupt nur dann ablaufen, wenn sie rhythmisch wiederkehren. Verdauung bedarf ebenso der rhythmischen Bewegung der Darmmuskulatur, wie Fortbewegung der rhythmischen Aktivierung der Körpermuskulatur bedarf. Zusätzlich zu Geophysik (die Erde dreht sich um die Sonne und um sich selbst) und Physiologie kamen im letzten Jahrzehnt die Biochemie und vor allem die Genetik bei der Aufklärung biologischer Rhythmen ins Spiel.

Die Frequenz biologischer Rhythmen kann 100 Hertz betragen (manche EEG-Wellen), jedoch auch bei 0,00000003 Hertz (1 pro Jahr) liegen, wenn es um den Winterschlaf, die Wanderung von Zugvögeln oder das jahreszeitliche Fortpflanzungsverhalten von Rotwild geht. Jahresrhythmus (zirkannualer oder infradianer Rhythmus) und Tagesrhythmus (zirkadianer Rhythmus) sowie so genannte ultradiane Rhythmen (also schneller als 1/Tag) spielen auch beim Menschen eine wichtige Rolle (Abb. 1) und sind seit mehr als 200 Jahren Gegenstand wissenschaftlicher Studien zum Pulsschlag (10), zum Schwitzen (29) oder zur Körpertemperatur (20; Abb. 2).

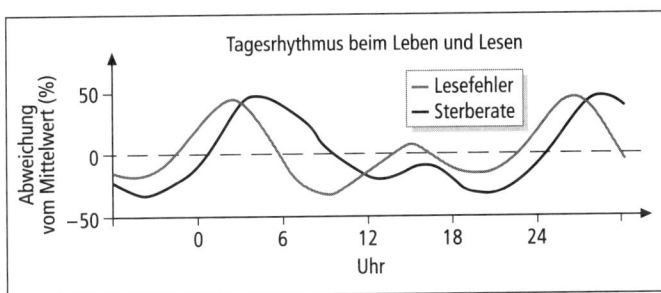

Abb. 1 Tagesrhythmik vom Lesen und Leben. Systematische Abweichung vom 24-Stunden-Durchschnitt bei so unterschiedlichen Variablen wie der Lesefähigkeit (gemessen als Anzahl der Lesefehler pro Textabschnitt bzw. Zeiteinheit) und der Sterberate. Auch Reaktionszeit und die Geburtenrate unterliegen einer sehr ähnlichen Rhythmik, die Körpertemperatur und die Konzentration von Stresshormonen (Katecholaminen) ebenfalls (jedoch invers zu den hier gezeigten Kurven; 39, S. 5). So sind wir um 3 Uhr morgens am kühlsten und etwa ein Grad kühler als tagsüber.

---

1 Meinem Lehrer und Doktorvater, Prof. Dr. Peter Clarenbach, gewidmet.

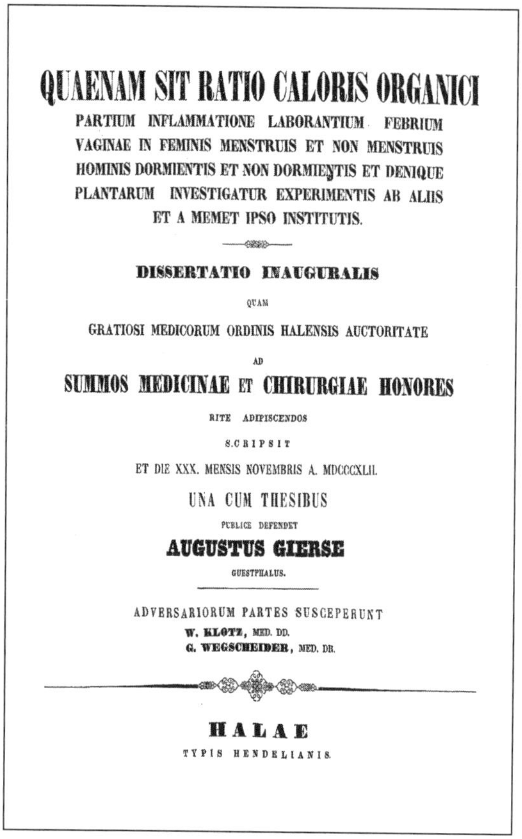
QUAENAM SIT RATIO CALORIS ORGANICI
PARTIUM INFLAMMATIONE LABORANTIUM FEBRIUM
VAGINAE IN FEMINIS MENSTRUIS ET NON MENSTRUIS
HOMINIS DORMIENTIS ET NON DORMIENTIS ET DENIQUE
PLANTARUM INVESTIGATUR EXPERIMENTIS AB ALIIS
ET A MEMET IPSO INSTITUTIS.

DISSERTATIO INAUGURALIS

QUAM

GRATIOSI MEDICORUM ORDINIS HALENSIS AUCTORITATE

AD

SUMMOS MEDICINAE ET CHIRURGIAE HONORES

RITE ADIPISCENDOS

S.CRIPSIT

ET DIE XXX. MENSIS NOVEMBRIS A. MDCCCXLII.

UNA CUM THESIBUS

PUBLICE DEFENDET

AUGUSTUS GIERSE

GUESTPHALUS.

ADVERSARIORUM PARTES SUSCEPERUNT
W. KLOTZ, MED. DD.
G. WEGSCHEIDER, MED. DR.

HALAE
TYPIS HENDELIANIS.

Abb. 2 Titelblatt der Dissertation von Gierse.

Studien an Menschen, die über Tage oder Wochen in einem abgeschlossenen Raum im permanenten Dämmerlicht lebten, konnten zeigen, dass wir auch dann, wenn wir keine Information über die Zeit von außen zur Verfügung haben, etwa alle 24 Stunden aufwachen, den „Tag" verbringen und am „Abend" zu Bett gehen. Wenn man die Phasen der Aktivität und des Schlafes jedoch über viele Tage genau aufzeichnet, zeigt sich, dass der – ohne äußere Zeitgeber frei laufende – Rhythmus eine Periode von etwas mehr als 24 Stunden hat: Bei den meisten Menschen liegt die Periode bei 24,5 bis 25,5 Stunden (7, 8, 9, 39).

Zu den bekanntesten Arbeiten auf diesem Gebiet gehören die der Arbeitsgruppe um Jürgen Aschoff (7, 9), der im Zeitraum von 1964 bis 1989 in einem Bunker beim Kloster Andechs bei München ein entsprechendes Labor unterhielt, in dem 447 Versuchspersonen an 412 Experimenten teilnahmen. Insgesamt 211 Menschen lebten hier für jeweils mehrere Wochen vollkommen abgeschieden von der Umwelt, unter verschiedenen kontrollierbaren Bedingungen (z. B. in andauerndem helleren oder dunkleren Licht, bei unterschiedlichen Temperaturen, unter dem Einfluss bestimmter elektromagnetischer Wechselfelder), wobei ihre Aktivitäten mittels Kameras oder anderer Methoden aufgezeichnet wurden (Abb. 3).

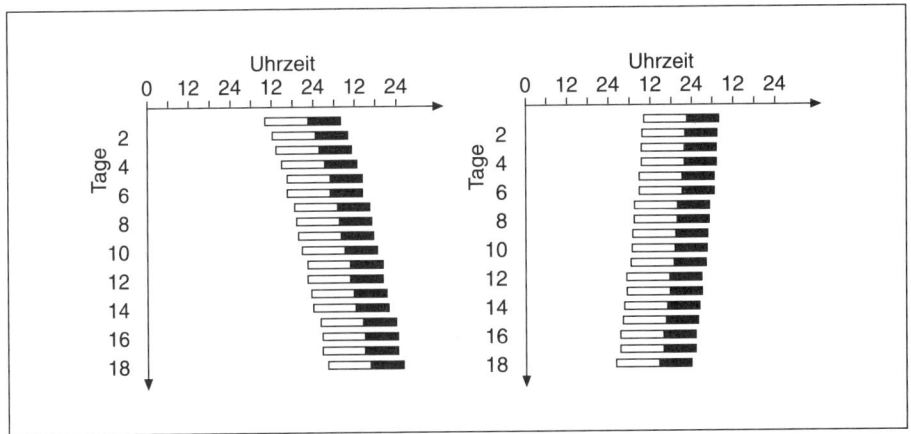

Abb. 3 Schematische Darstellung der Aktivitätsprofile einer „Nachteule" (links) und einer „Lerche" (rechts) unter Bedingungen des Freilaufs, das heißt ohne äußere Einflüsse (Zeitgeber). Bei der „Nachteule" verschiebt sich der Rhythmus zunehmend nach rechts, sie wacht also immer später auf und schläft immer später ein. Jugendliche in den Schulferien verhalten sich nicht selten so (weiß: Aktivität, schwarz: Ruhe).

Die Fledermaus oder der Igel schlafen 17 bis 20 Stunden täglich, Löwen 12 bis 16, Katzen und Nagetiere 12 bis 15, Rehe, Kühe, Pferde und Elefanten 5 bis 6 und Gazellen nur 2 Stunden (45). Manche Menschen brauchen 8 bis 9 Stunden Schlaf, andere kommen mit 5 bis 6 aus. Depressive schlafen über Wochen hinweg mehr als 10 Stunden täglich (und fühlen sich den Rest der Zeit matt), Maniker schlafen 3 bis 4 Stunden (und fühlen sich hellwach und pudelwohl). Über die Lebenszeit nimmt der Schlafbedarf deutlich ab: Der Fetus im Mutterleib schläft die meiste Zeit, Säuglinge schlafen mit 3 Wochen 15, mit 6 Monaten 14 Stunden, Zweijährige 11 bis 12 Stunden, Fünfjährige 10 bis 11 Stunden, Grundschulkinder 9 bis 10, Pubertierende 8 bis 9 und Erwachsene 7 bis 8 Stunden. Alte Menschen brauchen nur noch etwa 6 Stunden Schlaf, eine Aussage, die allerdings nicht unumstritten ist: Unter so genannten freilaufenden Bedingungen immerhin wählen sie eine kürzere Schlafzeit als jüngere Menschen. Wenn der 70-Jährige also nachmittags ein zweistündiges Nickerchen hält und sich abends um 22 Uhr schlafen legt, muss er sich nicht wundern, wenn er gegen drei Uhr in der Früh wach ist und nicht mehr schlafen kann. Solche „Schlafstörungen" sind im Alter nicht selten.

Nicht nur hinsichtlich der benötigten Schlafzeit gibt es Unterschiede, sondern auch im Hinblick darauf, wann geschlafen wird: Lerchen gehen früh schlafen und sind früh wach, Eulen hingegen sind nachtaktiv, gehen spät schlafen und wachen spät auf. Und auch bei den Menschen gibt es „Lerchen", also Morgentypen, und „Nachteulen", wie meine Großmutter zu sagen pflegte. Möglicherweise gibt es hierfür eine genetische Veranlagung.

Zunächst fand man ein Gen bei Hamstern, die normalerweise auch unter Bedingungen der Isolation und vollkommener Dunkelheit einen sehr ausgeprägten 24-Stunden-Rhythmus aufweisen. Martin Ralph und Michael Menaker (27) entdeckten jedoch in ihrem Labor an der University of Oregon einen Hamster, dessen innere Uhr einen Rhythmus von 22 Stunden betrug. Sie paarten dieses Männchen mit drei Weibchen, deren Rhythmus jeweils 24,01, 24,03 und 24,04 Stunden betrug. Die Hälfte der 20 Nachkommen hatte einen Rhythmus von 24 Stunden, die andere Hälfte einen von 22,3 Stunden. Weitere Untersuchungen konnten zeigen, dass die Hamster mit dem 22,3-Stunden-Rhythmus eine Mutation des Gens *tau* aufwiesen und dass Tiere mit zwei Allelen dieses Gens sogar einen Rhythmus von 20 Stunden hatten. Ein Gen, das die Geschwindigkeit der inneren Uhr steuert, war gefunden.

Inzwischen wurden weitere Gene entdeckt, die an der Regulation des zirkadianen Rhythmus beteiligt sind: Bei Mäusen wurde ein Gen identifiziert (40) und kloniert, das zu einer Verlängerung des zirkadianen Rhythmus von 24 auf 28 Stunden bzw. (bei Dunkelheit) zu einem völligen Verlust der rhythmischen Aktivität der Tiere führt. (Daher der Name dieses Gens, das ein Akronym dafür darstellt, dass die zirkadiane lokomotorische zyklische Aktivität nicht mehr funktionsfähig ist: *Circadian locomotor output cycles kaput*, kurz: *Clock*.)

Die Länge des Gens *Period 3* (Per3) ist bei „Nachteulen" geringer (5) als bei denjenigen, die tagsüber am aktivsten sind, wohingegen eine andere Mutation in diesem Gen für das frühe Aufstehen verantwortlich zu sein scheint (13). Auch das *Clock*-Gen beeinflusst die innere Uhr des Menschen (21), sodass sich mittlerweile ein komplexes Zusammenspiel verschiedener Gene bei der Steuerung der inneren Uhr darstellt (Übersichten bei 11, 17, 35).

Weil die innere Uhr bei den meisten Menschen zu langsam geht, muss sie täglich gestellt werden. Dies geschieht durch so genannte Zeitgeber. Auch in der internationalen (sprich: englischsprachigen) Literatur zur Chronobiologie hat sich dieser Begriff als Terminus technicus für einen Stimulus, der uns (bzw. Tiere und Pflanzen) zeitlich orientieren kann, durchgesetzt. Zeitgeber synchronisieren endogene Rhythmen, stellen also die innere Uhr auf einen bestimmten, von außen vorgegebenen Wert ein (vgl. Abb. 4).

Die wichtigsten Zeitgeber des Menschen sind Licht und Sozialkontakte. Da wir ein tagaktives, vor allem mit einem guten Gesichtssinn ausgestattetes und in größeren Sozialgemeinschaften lebendes Wesen sind, hat dies durchaus seinen Sinn: Die aufgehende Sonne und gemeinschaftliche Aktivitäten setzen unsere Uhr jeden Morgen auf „Start", auch wenn wir innerlich noch nicht ganz so weit sind. Dadurch werden unsere Aktivitäten synchronisiert.

Eine ganze Reihe von Studien hat ergeben, dass der Sitz der menschlichen inneren Uhr im so genannten Nucleus suprachiasmaticus liegt (also in einer Ansammlung von Nervenzellen, die über der Kreuzung der von den Augen kommenden Nervenfasern, dem Chiasma opticum, gelegen ist). Im Gegensatz zu anderen Nervenzellen, die zwar im Gehirn eine rhythmische Aktivität aufweisen, nach Herauslösen aus ihrem Zellverband jedoch nicht mehr rhythmisch aktiv sind, bleiben die Zellen des Nucleus suprachiasmaticus auch in der Zellkultur rhythmisch aktiv. Sie produzieren also aktiv ihren eigenen 24-Stunden-Rhythmus.

Nach operativer Entfernung dieser Zellen besteht beim Tier der zirkadiane Rhythmus nicht mehr. Pflanzt man Zellen eines anderen Tieres an diese Stelle, kommt

Abb. 4 Ein typisches Aktivitätsprofil aus einer Studie zum Effekt eines Zeitgebers und dessen Fehlen (8, Abb. 17): Zunächst ist der Lebensrhythmus von äußeren Zeitgebern bestimmt und mit dem 24-Stunden-Tag-Nacht-Rhythmus des Sonnentages synchronisiert (weiß: Aktivität, schwarz: Ruhe). Unter konstantem Dämmerlicht läuft der Rhythmus dann frei (Tag 10 bis 24). Wie man an der Grafik sieht, dauert nun ein Tag-Nacht-Zyklus etwas länger als 24 Stunden.

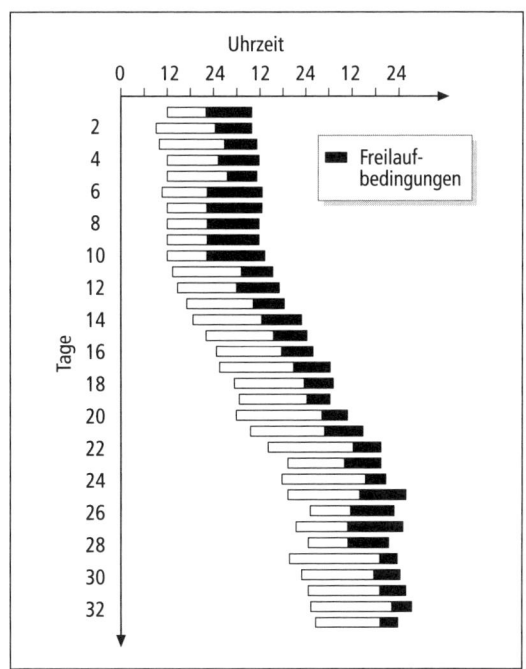

nach etwa einer Woche der Rhythmus wieder. Pflanzt man Zellen eines mutierten Tieres, das einen Rhythmus von 22,3 Stunden hat, bei einem Tier mit normalem 24-Stunden-Rhythmus an diese Stelle, so tritt bei dem Tier der Rhythmus der Mutation (das heißt 22,3 Stunden) nach einer Woche auf. Man kann also die innere Uhr – mitsamt ihren Eigenschaften – verpflanzen.

Im Jahre 2002 wurde erstmals nachgewiesen, dass die Zellen des Nucleus suprachiasmaticus ihren Input weder von den Zapfen noch von den Stäbchen der Netzhaut erhalten, sondern von einer bis dahin unbekannten Art von Lichtrezeptoren, bei denen es sich um lichtsensitive retinale Ganglionzellen handelt (12).

Weil Tageslicht für die Synchronisierung der inneren Uhr mit dem Sonnentag so wichtig ist, hat künstliches Licht – eine der wichtigsten Veränderungen unserer technisierten Welt – folgenschwere Konsequenzen (23). Die Auswirkungen auf den Rhythmus hängen davon ab, wann im Vergleich zur ebenfalls einem zirkadianen Rhythmus unterliegenden Körpertemperatur das Licht wahrgenommen wird. Licht gleich nach dem Tief der Körpertemperatur (am sehr frühen Morgen zwischen 3 bis 5 Uhr) beschleunigt den Rhythmus, weckt uns also früher auf; Licht vor dem Tief der Körpertemperatur hingegen verlangsamt den Rhythmus. Da Licht am Tage den Rhythmus ebenfalls beschleunigt und sein Fehlen bzw. sein vermindertes Auftreten in Räumen mit Kunstlicht ebenfalls den Rhythmus verlangsamt, ergibt sich ein komplexes Bild: Das Kunstlicht in unseren Büros lässt unseren Rhythmus langsamer laufen, und der mittels Kunstlicht verlängerte Tag am Abend bewirkt dasselbe. Daher ist der Nettoeffekt des Kunstlichts unter unseren westlichen Arbeitsbedingungen (Büro;

im Vergleich zur Feldarbeit) der, dass wir abends nicht ins Bett finden und morgens nicht heraus.

Der zweite bedeutsame Zeitgeber sind soziale Kontakte: Wenn wir mit anderen zusammen sind, stellt sich unsere innere Uhr darauf ein, dass wir zu diesen Zeiten aktiv sind. Aus dieser Sicht ist das gemeinsame Frühstück weit mehr als nur ein Akt der zeitlich synchronisierten Nahrungsaufnahme, geht es doch zugleich um das Einstellen der inneren Uhr auf gemeinsame Aktivität.

Eine Folge der westlichen Zivilisation ist damit der chronische Schlafmangel vieler Menschen: Jeden Morgen werden wir vom Wecker gnadenlos geweckt; abends schlafen wir nicht ein, nicht zuletzt, weil das Licht noch brennt, weil viele interessante Programme im Fernsehen laufen und auch andere soziale Zeitgeber (auf Partys) ihren Dienst tun. Unterm Strich schlafen wir daher deutlich weniger, als wir eigentlich müssten, und leiden unter chronischem Schlafmangel. Dies um so mehr, je eher wir zu denjenigen gehören, die sowieso eher nachts aktiv sind, also zu den „Nachteulen".

Das ist bei Kindern und älteren Menschen eher nicht der Fall, weil sie meist früh aufstehen und früh zu Bett gehen. Wie jede Mutter weiß, haben kleine Kinder bekanntermaßen die unangenehme Eigenschaft, früh wach zu sein. Mit der Pubertät jedoch werden aus den meisten Menschen „Nachteulen", ein Trend, der bis zum Ende des zweiten Lebensjahrzehnts anhält. Je älter man danach wird, desto früher steht man wieder auf, was im Alter bekanntlich nicht selten in der morgendlichen senilen Bettflucht mündet. Studien in:

▶ Korea (an 1 457 Schülern von 11 bis 16 Jahren; 44),
▶ Italien (an 6 631 Adoleszenten im Alter von 14,1 bis 18,6 Jahren; 19),
▶ Frankreich (an 386 Adoleszenten im Alter von 15 bis 20 Jahren; 24),
▶ Japan (an 501 Kindern im Alter von 12 bis 14 Jahren; 43; an 512 Kindern und Jugendlichen zwischen 6 und 18 Jahren; 25, 33),
▶ Taiwan (an 1 572 Kindern der vierten bis achten Klasse; 18),
▶ Israel (an 140 Kindern im Alter von 8 bis 13 Jahren; 32) und in
▶ Deutschland (an etwa 25 000 Menschen unterschiedlichen Alters; 31)

zeigen immer wieder das Gleiche: Während und nach der Pubertät werden aus Lerchenkindern „Nachteulen". Dieser Trend erreicht bei jungen Frauen mit etwa 19,5 Jahren, bei jungen Männern mit etwa 20,5 Jahren seinen Höhepunkt und kehrt sich dann wieder um (Abb. 5).

Vor dem Hintergrund dieser Befunde wundert es nicht, wenn gelegentlich gefordert wird, dass die Schule später anfangen müsste. Die 15- bis 18-Jährigen schliefen noch in der ersten Stunde, seien aufgrund ihres Rhythmus nicht aufnahmefähig und zudem chronisch (weil sie zu früh aufstehen müssen) übermüdet. Weil im Schlaf Konsolidierungsprozesse stattfinden (46), bedeutet weniger Schlaf auch weniger nächtliches Postprocessing der tagsüber gelernten Inhalte. So wundert nicht, dass eine insgesamt geringere Schlafdauer mit schlechteren Schulleistungen korreliert (41). Die in Wochenblättern (4) und von Chronobiologen (31, 38) sowie Schlafforschern propagierte Lösung des Problems besteht in einem Schulbeginn um 9 oder 10 Uhr.

Was ist davon zu halten? – Was zunächst wie eine einfache Lösung klingt, ist bei näherer Betrachtung keineswegs unproblematisch. Wer nach London fliegt, wacht

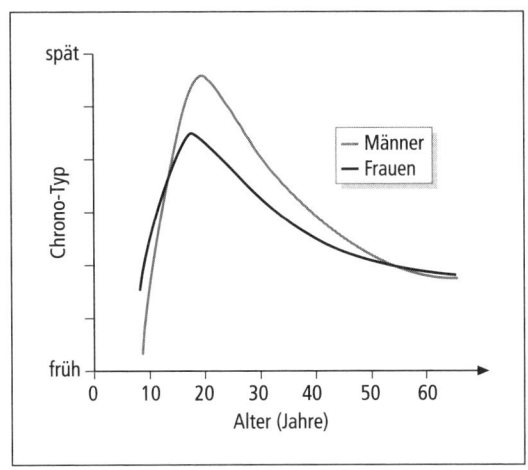

Abb. 5 Mittelwerte der Selbsteinschätzungen im Hinblick auf den chronobiologischen Typ („Lerche" versus „Nachteule") von insgesamt etwa 25 000 befragten Personen (31). Man sieht deutlich, dass Kinder und alte Menschen eher zu den frühen Typen (Lerchen) zählen, junge Erwachsene um 20 Jahre jedoch eher Spättypen („Nachteulen") sind.

wegen der Zeitverschiebung am nächsten Tag eine Stunde früher auf (sofern er auch am Vortag eine Stunde früher zu Bett ging), passt seinen Rhythmus jedoch sofort an. Der inneren Uhr mit ihrem 25-Stunden-Rhythmus kommt die eine Stunde Zeitverschiebung gerade recht. US-Amerikaner, die bekanntermaßen sehr viel im Inland fliegen und dabei bis zu drei Stunden Zeitverschiebung erleben, sagen, dass man eine Zeitverschiebung überhaupt erst ab drei Stunden richtig merkt. Fliegt man also von Boston nach New Orleans, spürt man die Stunde Zeitverschiebung nicht, fliegt man aber nach San Francisco, hält man abends nicht so lange durch wie die Kollegen und wacht (auch wenn es in der Bar spät wurde) früh um 5 auf.

Was würde also geschehen, wenn die Schule um 9 anfinge? – Ich würde vorhersagen, dass die Schüler sich innerhalb weniger Tage anpassen würden: Sie gingen dann noch später zu Bett und wären um 9 so müde wie heute um 8 Uhr. Der Netto-Effekt dieser Phasenverschiebung wäre unter anderem, dass sie ihre Eltern und jüngeren Geschwister noch seltener zu Gesicht bekommen. Der Zeitgeber des gemeinsamen Frühstücks entfiele, und es würde ihnen womöglich noch schwerer fallen, um 9 pünktlich in der Schule zu sein als zuvor um 8 Uhr. Auch der Einfluss der (gegen Abend rechtschaffen müden) Eltern auf die nächtliche Freizeitgestaltung der Jugendlichen, die gegen 22 Uhr noch einmal richtig munter würden, nähme ab, was vielleicht dem Hausfrieden gut (man sieht sich ja nur noch selten), den Schulleistungen jedoch weniger gut bekäme.

Lassen wir die skeptischen Vorhersagen eines fünffachen Vaters einmal beiseite und fragen nach dem, was wir hierzu wirklich wissen. Hierzu ist zunächst zu sagen, dass es wenig gesichertes Wissen gibt. Einige wenige empirische Studien zum Schulanfang wurden im Staat Minnesota der USA durchgeführt. An der ersten Studie nahmen insgesamt 7 168 Schüler aus 17 Schulbezirken in Minnesota teil (15, 16), wobei der Schulbeginn in einzelnen Schulbezirken entweder um 7.15, um 7.25 oder um 8.30 Uhr stattfand. Das Ergebnis ist zunächst nicht so, wie gerade vom pessimistischen Familienvater vorhergesagt: Auch bei späterem Schulbeginn gingen die Schüler nicht später zu Bett, konnten jedoch später aufstehen und schliefen dadurch etwa eine Stunde länger pro Nacht. Hierdurch waren die Schüler tatsächlich signifikant wacher und auch ihre Schulleistungen waren (wenn auch nur ganz geringfügig und – trotz der großen Anzahl – nicht signifikant) geringgradig besser als die, die eine gute Stunde früher die Schulbank drücken.

Aufbauend auf dieser Studie wurde eine weitere Untersuchung durchgeführt (36, 37), in deren Rahmen der Schulbeginn von 7.15 Uhr auf 8.40 Uhr verlegt wurde. In die Auswertung fanden Daten von 50 962 Schülern der Schuljahre 9 bis 12 aus sieben Schulen und fünf Jahrgängen. Wieder fand man mehr Schlaf, weniger Müdigkeit und numerisch bessere Schulleistungen, wenn die Schule später begann. Umgekehrt kam es bei einer Studie zur Vorverlegung des Schulbeginns von 8.25 nach 7.20 Uhr zu einer Verringerung des Nachtschlafs, weil die Schüler früher aufwachen mussten, jedoch nicht früher ins Bett fanden (14). Findet also die von mir befürchtete Phasenverschiebung vielleicht doch nicht statt?

Die Antwort auf diese Frage lautet aus meiner Sicht: Nicht in Minnesota! Dort leben die Menschen unter ländlichen Bedingungen. Jugendliche helfen selbstverständlich auf den verstreut und einsam gelegenen Farmen mit. Hinzu kommt, dass in den USA Alkohol bekanntermaßen nicht an unter 21-Jährige ausgeschenkt werden darf. 19-jährige Austauschschüler von dort waren noch nie in einer Disco und wundern sich, dass manche 15-Jährige und nahezu jeder 17-Jährige, der sich etwas um seine Sozialkontakte kümmern möchte, hier zu Lande an Wochentagen die Kneipe oder Disco (oder beides) besuchen. In Minnesota undenkbar! Diese völlig anderen Randbedingungen, unter denen sich das Leben von Jugendlichen abspielt, sollte man bedenken, bevor man voreilige Schlüsse zieht und vor allem, bevor man – einmal mehr ohne zuvor empirisch zu prüfen – handelt. Wer es also mit dem späteren Schulbeginn wirklich ernst meint, der kommt um eine Studie an einigen Dutzend Schulen und einigen tausend Kindern nicht herum, bei der randomisiert (also durch Zufall zugeteilt) in manchen Schulen später begonnen wird und eine Reihe zuvor klar definierter und gut messbarer Variablen des Verhaltens und der Leistung von Schülern erfasst werden.

Nicht nur die Zeit des morgendlichen Schulbeginns gilt es aus chronobiologischer Sicht zu überdenken. Aus Experimenten mit Tieren und auch Pflanzen sowie aus Versuchen an Menschen ist bekannt, dass sich die innere Uhr im Laufe eines Jahres, also mit länger und kürzer werdenden Tagen, verändert. Im Winter geht sie langsamer, denn es fehlt das frühe Tageslicht (der Effekt nimmt mit der Entfernung vom Äquator zu). Daher schlafen die Menschen in Finnland beispielsweise im Winter bis zu zwei Stunden länger als im Sommer, wenn es kaum je dunkel wird. Vor diesem Hintergrund sind die langen Sommerferien eher das Relikt landwirtschaftlicher Produktionsverhältnisse des vorletzten Jahrhunderts (man brauchte die Kinder auf dem Feld), nicht jedoch das Resultat der optimalen Anpassung ständig gestiegener Lernanforderungen an die biologischen Möglichkeiten von Kindern und Jugendlichen.

Nicht nur in der Schule, sondern vor allem in der Arbeitswelt spielen die Einsichten aus der Chronobiologie eine wichtige Rolle. Schichtarbeit ist in unserer modernen Welt notwendig, man denke nur an die Intensivmedizin, an globale Kommunikation oder an den Transport. In westlichen Industrie- und Dienstleistungsgesellschaften müssen etwa 20 % der Bevölkerung außerhalb der regulären Arbeitszeit (von 8 bis 17 Uhr) arbeiten, und die Tendenz ist steigend. Weil wir bei jeder Schichtarbeit jedoch letztlich gegen unsere innere Uhr anrennen, kommt es zu den Zeiten unseres nächtlichen Tiefpunkts – zwischen 3 bis 4 Uhr morgens – vermehrt zu Unfällen. Schläfrigkeit verursacht weltweit mehr Verkehrsunfälle als Alkohol und illegale Drogen zusammen. Die Kosten für durch Übermüdung verursachte Unfälle weltweit werden auf 80 Milliarden US-Dollar geschätzt (28). Denkt man an Tschernobyl oder Bhopal, so wird oft vergessen, dass auch diese Unfälle während der Nachtschicht geschahen.

Zwei Studien aus Großbritannien (6, 34a, b) untersuchten die psychologischen und physiologischen Auswirkungen unterschiedlicher Einteilungen von Schichtarbeit an 45 Männern auf Bohrinseln über einen Zeitraum von zwei Wochen. Die Arbeiter hatten entweder während dieser zwei Wochen nur 12 Stunden Tagschicht bzw. 12 Stunden Nachtschicht oder sie hatten zunächst sieben Nachtschichten, die von sieben Tagschichten gefolgt waren. Diese Abfolge war bei den Arbeitern beliebter, denn sie waren dann vor dem Nachhausegehen bereits an den Schlaf in der Nacht gewöhnt, hatten also wieder einen „normalen" Tag-Nacht-Rhythmus.

Die Messung der Konzentration des Hormons Melatonin, die nachts ansteigt (was Schlaf-fördernd wirkt), ergab jedoch, dass es nach dem Wechsel zur Tagschicht nicht mehr synchronisiert ausgeschüttet wird. Dies hatte nicht nur eine vermehrte Tagesmüdigkeit und verminderte Aufmerksamkeit bei der Arbeit zur Folge, sondern auch höhere Konzentrationen von Blutfetten nach den Mahlzeiten. Dies wiederum erhöht das langfristige Risiko im Hinblick auf das Entstehen von kardiovaskulären Erkrankungen, Diabetes und anderen metabolischen Störungen. Es ist also gerade der *Wechsel* der Schicht, der krank macht. Genau die Schichtfolge, die bei den Arbeitern am beliebtesten ist, ist auch am ungesündesten. Zudem muss man über Empfehlungen nachdenken, nach einem Schichtwechsel (also während des Vorliegens einer noch nicht angepassten inneren Uhr) besonders fettige bzw. süße Nahrungsmittel (sprich: Snacks) zu vermeiden (26).

Wenn Schichtarbeit schon unumgänglich ist, sollte man die Erkenntnisse der Chronobiologie nutzen, um ihre ungünstigen Auswirkungen zu minimieren. Das Medikament Modafinil ist seit Oktober 2005 zur Behandlung der psychophysischen „Nebenwirkungen" von Schichtarbeit offiziell in Deutschland zugelassen. Hiermit lassen sich also vielleicht Schläfrigkeit während der Schicht, egal ob tagsüber oder nachts, und damit Fehler und Unfälle (auch auf der Heimfahrt mit dem Auto; vgl. 3) vermeiden. Wichtiger als das BtM-Medikament ist es jedoch,

- ► die Gestaltung der Schichten (Wechsel „mit" der Uhr: Früh – Spät – Nacht, nicht umgekehrt),
- ► ihre Dauer in Tagen (entweder sehr lang – Monate –, mit völliger Umstellung der inneren Uhr oder höchstens drei Tage ohne Umstellung – aber unter Umständen mit Modafinil) und
- ► die Auswahl der Schichtarbeiter (je jünger, desto besser, weil die innere Uhr noch flexibler ist)

zu bedenken, wenn es um die Gesundheit der in Schichten arbeitenden Menschen geht (1, 2).

Die Probleme der Schichtarbeit liegen also nicht nur beim zirkadianen Tag-Nacht-Rhythmus, sondern auch bei den eingangs bereits erwähnten ultradianen Rhythmen. Die Wahrscheinlichkeit, einen Unfall zu haben, variiert über den Tag und hat ein Maximum (wenn man die Daten auf die Anzahl der Verkehrsteilnehmer bezieht) um 4 Uhr morgens. Ein zweites kleineres Maximum lässt sich jedoch auch am Nachmittag um 14 bis 16 Uhr nachweisen. Weil Kinder nachts schlafen, kommt bei ihnen nur dieses nachmittägliche Tief zur Ausprägung, wie die statistische Auswertung vieler Unfälle ergab (vgl. z. B. die Auswertung von 15 110 Unfällen in Lausanne vom 1.1.1990 bis zum 31.12.1997, 30). Auch distale Radiusfrakturen (bei Stürzen) sind um drei Uhr nachmittags am häufigsten (22). Diese nachmittäglichen Schwächen von Vigilanz und Aufmerksamkeit zeigen sich auch an der Leistung im Rechnen (Abb. 6), die nicht nur nachts, sondern auch nachmittags um 14 Uhr einen Tiefpunkt aufweist.

Auch diese Daten zur ultradianen Rhythmik sind für die Gestaltung von Lernumgebungen unmittelbar relevant: Wenn mit Ganztagsschulen – hoffentlich – nicht nur die Verlängerung der bisherigen Schule samt Cafeteria gemeint ist und wenn stattdessen die Umstellung auf eine Ganztagsschule als Chance gesehen wird, Schule einmal grundlegend neu zu denken, dann muss man sich über die zeitliche Strukturierung des Tages Gedanken machen. Eine „Auszeit" von 13 bis 15 (oder 16) Uhr ist in dieser Hinsicht ebenso sinnvoll wie das Arbeiten an Projekten, die etwas mehr Zeit erfordern, zwischen 16 und 19 Uhr. Was von Mathematik, Physik oder Französisch in der siebten, achten oder neunten Stunde aus chronobiologischer Sicht zu halten ist, sollte nach diesen Ausführungen klar sein.

Unser Wissen über die innere Uhr hat in den vergangenen Jahren deutlich zugenommen. Es handelt sich hierbei um Selbsterkenntnisse im besten Sinne des Wortes, die für unsere Existenz – von der Geburt bis zum Tode – bestimmend sind. Auf das Erkennen sollte das Handeln folgen. Mit Augenmaß und aufgrund gesicherter Erkenntnisse. Sofern diese fehlen, besteht eindeutiger Forschungsbedarf, denn eines können wir uns nicht leisten: Die weitere Verschwendung von – vor allem menschlichen – Ressourcen.

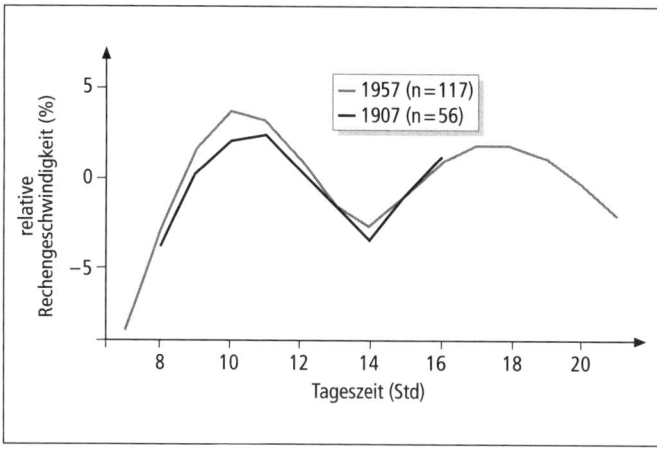

Abb. 6 Abweichung der Rechengeschwindigkeit von Schulkindern vom Tagesdurchschnitt. Dargestellt sind zwei Messreihen, die im Abstand von 50 Jahren erhoben wurden und eine erstaunliche Stabilität der Ergebnisse über die Zeit demonstrieren (39, S. 5).

Literatur

1. Ackerstedt T. Shift work and disturbed sleep/wakefulness. Occup Med 2003; 53: 89–94.
2. Ackerstedt T, Kecklund G, Johansson SE. Shift work and mortality. Chronobiol Int 2004; 21: 1055–61.
3. Ackerstedt T, Peters B, Anund A, Kecklund G. Impaired alertness and performance driving home from the night-shift: a driving simulator study. J Sleep Res 2005; 14: 17–20.
4. Anonymus. Acht Uhr ist zu früh. Der Spiegel (6.6.2005) 23/2005.
5. Archer SN, Robilliard DL, Skene DJ, Smits M, Williams A, Arendt J, von Schantz M. A length polymorphism in the circadian clock gene Per3 is linked to delayed sleep phase syndrome and extreme diurnal preference. Sleep 2003; 26: 413–5.
6. Gibbs M et al. Effect of shift schedule on offshore shiftworkers' circadian rhythms and health. Research Report. Sudbury, Suffolk, England: HSE Books 2005.
7. Aschoff J. Circadian rhythms in man. Science 1965; 148: 1427–32.
8. Aschoff J. Circadiane Periodik als Grundlage des Schlaf-Wach-Rhythmus. In: Baust W (Hrsg). Ermüdung, Schlaf, Traum. Stuttgart: Wissenschaftliche Verlagsgesellschaft 1970; S. 59–98.
9. Aschoff J, Wever RA. Spontanperiodik des Menschen bei Ausschaltung aller Zeitgeber. Naturwissenschaften 1962; 49: 337–42.
10. Authenrieth JH. Handbuch der empirischen menschlichen Physiologie. Tübingen: Jakob Friedrich Herbrandt Verlag 1801.
11. Bell-Pedersen D, Cassone VM, Earnest DJ, Golden SS, Hardin PE, Thomas TL, Zoran MJ. Circadian rhythms from multiple oscillators: lessons from diverse organisms. Nat Rev Genet 2005; 6: 544–56.
12. Berson DM, Dunn FA, Takao M. Phototransduction by retinal ganglion cells that set the circadian clock. Science 2002; 295: 1070–3.
13. Carpen JD, Archer SN, Skene DJ, Smits M, von Schantz M. A single-nucleotide polymorphism in the 5'-untranslated region of the hPER2 gene is associated with diurnal preference. J Sleep 2005; Res 14: 293–7.
14. Carskadon MA, Wolfson AR, Acebo C, Tzischinsky O, Seifer R. Adolescent sleep patterns, circadian timing, and sleepiness at a transition to early school days. Sleep 1998; 15: 871–81.
15. Center for Applied Research & Educational Improvement, CAREI School Start Time Study. Final Report Summary, University of Minnesota. 1998 http://education.umn.edu/CAREI/Reports/default.html
16. Center for Applied Research & Educational Improvement, CAREI School Start Time Study. Technical Report, Vol. II: Analysis of student survey data. University of Minnesota 1998 http://education.umn.edu/CAREI/Reports/default.html
17. Dauvilliers Y, Maret S, Tafti M. Genetics of normal and pathological sleep in humans. Sleep 2005; Med Rev 9: 91–100.
18. Gau SF, Soong WT. The transition of sleep-wake patterns in early adolescence. Sleep 2003; 26: 409–10.
19. Giannotti F, Cortesi F, Sebastiani T, Ottaviano S. Circadian preference, sleep and daytime behavior in adolescence. J Sleep Res 2002; 11: 191–9.
20. Gierse A. Quaemiam sit ratio caloris organici. Dissertation, Halle 1842.
21. Katzenberg D, Young T, Finn L, Lin L, King DP, Takahashi JS, Mignot E. A CLOCK polymorphism associated with human diurnal preference. Sleep 1998; 21: 569–76.
22. Koch HJ, Vogel M, Raschka C. Circadian rhythm of accidents in children: A basic activity periodicity. Chronobiol Int 2003; 20: 157–9.
23. Lavie P. Sleep-wake as a biological rhythm. Ann Rev Psychol 2001; 52: 277–303.
24. Mantz J, Muzet A, Winter AS. The characteristics of sleep-wake rhythm in adolescents aged 15–20 years. A survey made at school during ten consecutive days. Arch Pediatr 2000; 7: 256–62.

25. Park YM, Matsumoto K, Seo YJ, Shinkoda H. Sleep and chronotype for children in Japan. Perceptual and Motor Skills 1999; 88: 1315–29.
26. Phillips H. Mess with the body clock at your own peril. New Scientist 2005, 2496: 16.
27. Ralph M, Menaker M. A mutation of the circadian system in golden hamsters. Science 1988; 241: 1225–7.
28. Rajaratnam SMW, Arendt J. Health in a 24-h society. The Lancet 2001; 358: 999–1005.
29. Reil C. Über die Ausdünstung und die Wärmeentwicklung zur Tages- und Nachtzeit. Wäge- und Thermometerversuche. Deutsches Archiv für Physiologie 1822; 7: 359–95.
30. Reinberg O, Reinberg A, Téhard B, Mechkouri M. Accidents in children do not happen at random: Predictable time-of-day incidence of childhood trauma. Chronobiol Int 2002; 19: 615–31.
31. Roenneberg T, Kuehnle T, Pramstaller PP, Ricken J, Havel M, Guth A, Merrow M. A marker for the end of adolescence. Current Biology 2004; 14: R1038–R1039.
32. Sadeh A, Raviv A, Gruber R. Sleep patterns and sleep disruptions in school-age children. Developmental Psychology 2000; 36: 291–301.
33. Shinkoda H, Matsumoto K, Park YM, Nagashima H. Sleep-wake habits of schoolchildren according to grade. Psychiatry Clin Neurosci 2000; 54: 287–9.
34. a) McNamara R et al. Fatigue at sea: Amendments to working time directives and management guidelines. In: Comtemporary Ergonomics; PD Bust, PT Mc Cabe (Hrsg). London: Taylor and Francis 2005.
    b) Simpson SA et al. Minor injuries cognitive failures and accidents at work: prevalence and associated features. Occup Med 2005; 55: 99–108.
35. Takahashi JS. Finding new clock components: past and future. Biol Rhythms 2004; 19: 339–47.
36. Wahlstrom K. Changing times: Findings from the first longitudinal study of later high school start times. NASSP Bulletin 2002; 86, No. 633 (Dec), 3–21.
37. Wahlstrom K, Davidson ML, Choi J, Ross JN. Minneapolis Public Schools Start Time Study. Executive Summary. Center for Applied Research & Educational Improvement, University of Minnesota 2001.
38. Wedlich S. Der individuelle Rhythmus des Lebens (Interview mit Till Roenneberg). Einsichten 01/2004, S. 56–61, Uni-München.
39. Wever RA. The circadian system of man. Results of experiments under temporal isolation. New York: Springer-Verlag 1979.
40. Wilsbacher LD, Sangoram AM, Antoch MP, Takahashi JS. The mouse Clock locus: sequence and comparative analysis of 204 kb from mouse chromosome 5. Genome Res 2000; 10: 1928–40.
41. Wolfson AM, Carskadon MS. Understanding adolescent's sleep patterns and school performance: A critical appraisal. Sleep Medicine Reviews 2003; 7: 491–506.
42. Wolfson, AR, Carskadon, MA. Early school start times affect sleep and daytime functioning in adolescents. Sleep Research 1996; 25: 117.
43. Yamaguchi N, Kawamura S, Maeda Y. The survey of sleeping time of junior high school students: A study on the sleep questionaire. Psychiatry Clin Neurosci 2000; 54: 290–1.
44. Yang CK, Kim JK, Patel SR, Lee JH. Age-related changes in sleep/wake patterns among Korean teenagers. Pediatrics 2005; 115: 250–6.
45. Zulley J, Knab B. Unsere innere Uhr. Freiburg: Herder 2000.
46. Spitzer M. Behalten nach dem Lernen: Konsolidierung. Nervenheilkunde 2004; 23: 65-7.

Die Farbe Rot

Dachte man früher noch, dass im Verlauf der Evolution das Auge mehrfach unabhängig voneinander entstanden sei, bei Insekten das Facettenauge und bei unseren Vorfahren das Linsenauge, so legen genetische Befunde nahe, dass der wesentliche Schritt nur ein einziges Mal erfolgt ist (3, 4, 5, 10). Dann allerdings wurde die Natur erfinderisch, und es entstanden mehrere physikalisch völlig verschiedene Augen. Eines hatten sie jedoch gemeinsam: Sie funktionierten nur in Schwarz-Weiß, denn es gab zunächst nur ein lichtempfindliches Pigment (Abb. 1).

Vor 120 Millionen Jahren entstand dann das zweifarbige Sehen, das heute noch den Standard bei den Säugetieren darstellt: Für Ihren Hund ist die Welt längst nicht so bunt wie für Sie! Möglicherweise entstand das zweifarbige Sehen zusammen mit der Fähigkeit von Pflanzen, bunte Blüten und farbige Früchte hervorzubringen. Der Biologe spricht von Ko-Evolution. Etwa zur gleichen Zeit nämlich, in der sich Früchte tragende Blütenpflanzen evolutionär entwickelten, tauchten auch die Säugetiere auf, die zunächst recht klein waren und unter anderem vom Honig der Blütenpflanzen lebten (und diese dabei bestäubten) sowie deren Früchte aßen (und damit die Samen samt einem Häufchen Biodünger gut verbreiteten). Ein schöner Gedanke, der auf J. D. Mollon (9) zurückgeht: Wir sehen farbig, weil es bunte Blumen gibt – und umgekehrt (1, S. 145).

Vor etwa 40 Millionen Jahren kam es dann zu einer Duplikation des Gens für ein Farbpigment der Netzhaut bei einem unserer frühen Primatenvorfahren. Damit konnte sich durch weitere Mutationen das dreifarbige Sehen entwickeln. In diese Zeit fällt auch der Beginn der Verwendung von Gesichtsausdrücken als emotionale Signale und zugleich der Rückgang der Kommunikation über den Geruchssinn bei den Primaten. Unsere Vorfahren wurden immer mehr zu Augentieren (8).

Weil das Gesicht zur Kommunikation immer wichtiger wurde (2, den noch immer lesenswerten Klassiker), weil der Blutfarbstoff rot ist, weil man bei Wut gut durchblutet ist und weil uns Angst erbleichen lässt (und weil mir jetzt die Kreativität ausgeht, lassen wir es hierbei bewenden), bekam die Farbe Rot eine ganz besondere Signalwirkung. In psychologischen Experimenten zu Reaktionszeiten zeigt sich immer wieder, dass wir auf Rot am schnellsten reagieren (6). Wir werden durch Rot aktiviert. Rot hat Signalwirkung (und spätestens seit es Signale gibt, lernt man das auch über unsere Kultur).

Die vorläufig neueste Erkenntnis zu den Wirkungen der Farbe Rot bezieht sich auf die Auswirkung der Farbe des Trikots von Sportlern auf den Ausgang des Wettkampfs (7). Bei den Wettkämpfen während der Olympiade 2004 im Boxen, Ringen und Tea Kwon Do, bei denen per Los darüber entschieden wird, wer ein rotes oder blaues Trikot trägt, schnitten die Kämpfer im roten Trikot jeweils deutlich besser ab (Abb. 2).

Der Effekt ist umso stärker, je ähnlicher sich die Kontrahenten sind. Einem Schwächling nützt gegenüber einem Muskelprotz das rote Trikot nichts (Abb. 3). Die Farbe kann jedoch das berühmte Zünglein an der Waage sein. Je mehr Menschen länger gegeneinander kämpfen, desto eher sollte sich daher auch ein Effekt zeigen.

Anhand von Daten aus derselben Olympiade wurde entsprechend festgestellt, dass Fußballmannschaften mit zwei Trikots, einem überwiegend roten und einem eher andersfarbigen, etwa ein zusätzliches Tor schießen, wenn sie in Rot spielen.

Was lernen wir? Die Olympiade hat jeder gesehen und die Daten lagen allen vor. Aber erst die richtige Frage lässt den Verstand so richtig sehen: auch die Farbe Rot. Wer sie nicht sieht, hat damit vielleicht Vorteile. Der Einfluss von Farbenblindheit auf die

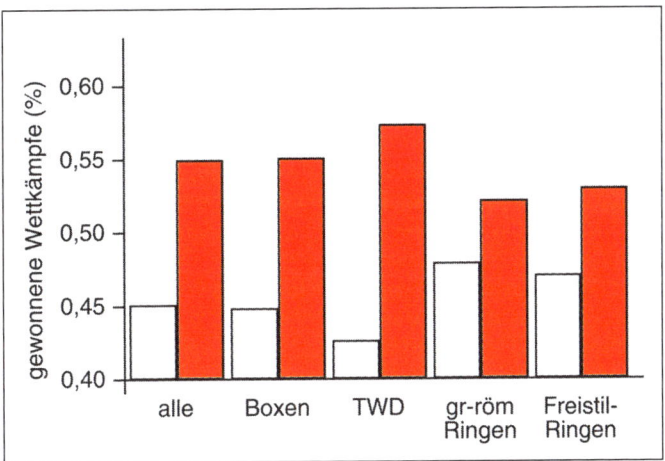

Abb. 2 Einfluss der Farbe des Trikots auf den Ausgang des Kampfes in verschiedenen Kampfsportarten wie Boxen, Tea Kwon Do (TWD), griechisch-römisches Ringen sowie Freistilringen (nach 7).

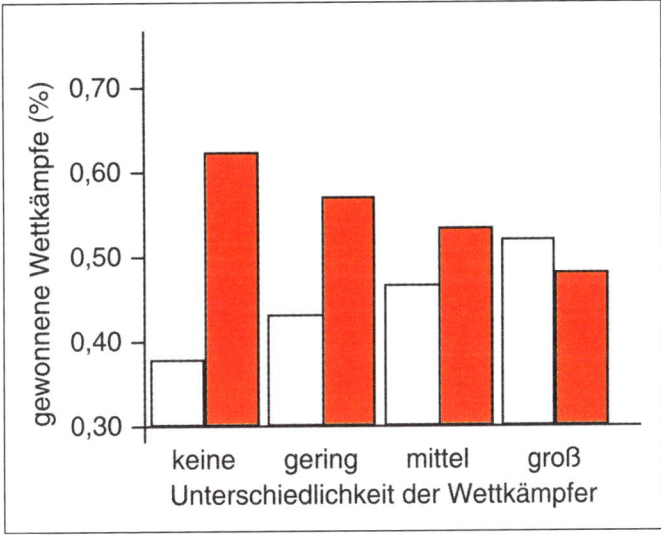

Abb. 3 Einfluss der Farbe des Trikots auf den Ausgang des Kampfes in Abhängigkeit davon, wie unterschiedlich die jeweiligen Wettkämpfer waren (nach 7). Man sieht deutlich, dass bei großen Unterschieden die Farbe des Trikots praktisch keine Rolle spielt, bei gleichwertigen Konkurrenten hingegen die Farbe des Trikots den Kampf entscheiden kann.

Ergebnisse sportlicher Wettkämpfe harrt meines Wissens noch der wissenschaftlichen Erforschung[1].

---

1 Ich danke meinem Kollegen Dr. Thomas Kammer für diesen nicht ganz ohne Betroffenheit vorgebrachten neuen Forschungsansatz.

Literatur

1. Allman JM. Evolving brains. New York: Scientific American Library 1999.
2. Darwin C. Der Ausdruck der Gemütsbewegungen bei den Menschen und bei den Tieren. Frankfurt/Main: Eichborn 1872, 2000.
3. Gehring WJ. The genetic control of eye development and its implications for the evolution of the various eye-types. Int J Develop Biol 2002; 46: 65–73.
4. Gehring WJ. New perspectives on eye development and the evolution of eyes and photoreceptors. J Hered 2005; 96: 171–84.
5. Halder G, Callaerts P, Gehring WJ. Induction of ectopic eyes by targeted expression of the eyeless gene in Drosophila. Science 1995; 267: 1788–92.
6. Hepp HH. Farb-Wort-Interferenz bei schizophrenen Patienten und gesunden Probanden. Dissertation, Universität Heidelberg 1996.
7. Hill RA, Barton RA. Red enhances human performance in contests. Nature 2005; 435: 293.
8. Kremers J, Silveira LCL, Yamada ES, Lee BB. The ecology and evolution of primate color vision. In: Gegenfurtner KR, Sharpe LT (Hrsg). Color vision. From genes to perception. Cambridge: Cambridge University Press 1999; S. 122–42.
9. Mollon JD. „Tho' she kneel'd in that place where they grew ..." the uses and origins of primate colour vision. J Exp Biol 1989; 146: 21–38.
10. Pineda D, Gonzale J, Callaerts P, Ikeo K, Gehring WJ, Salo E. Searching for the prototypic eye genetic network: Sine oculis is essential for eye regeneration in planarians. PNAS 2000; 97: 4525–9.

Vom Psycho-Krimi zum Neuro-Thriller[1]

Nur an den Gesprächseinsprengseln bemerkt man, dass dieses Zitat nicht aus dem Kontext der Neurobiologie, sondern aus der Belletristik stammt: „*Penfield und ein Kollege, der auf den schönen Namen Phanor Perot gehört hat, haben die Großhirnrinde von Epileptikern mit leichten Stromstößen stimuliert, die während der Operation freigelegt war. Das Gehirn ist schmerzunempfindlich, sodass Eingriffe unter örtlicher Betäubung stattfinden können. Die Patienten waren also bei vollem Bewusstsein, während ihnen der Schädel geöffnet wurde … Hey, was ist los?'*
Sarah hatte gerade einen Schluck Kaffee genommen – oder es zumindest versucht. Sie hustete aus vollem Halse. Mit rotem Gesicht und tränenden Augen fragte sie dann: ,Habe ich das richtig verstanden? Die Operationen am Gehirn fanden ohne Narkose statt?'
,Ja. Das ist üblich. Die Bereiche der Kopfhaut, in denen der Schädel geöffnet wird, werden mit Novocain betäubt.'
Sie schluckte. ,Ich stelle mir das mal vor', sagte sie. ,Da lässt sich also jemand auf den Operationstisch legen, bekommt eine Spritze in die Kopfhaut, schaut dann zu, wie der Arzt das Skalpell zückt und schneidet. Er spürt wahrscheinlich das Ziehen, wenn die Kopfhaut weggeklappt wird, sieht, wie der Arzt die Säge nimmt, hört, wie die Säge den Schädelknochen aufsägt, und spürt vermutlich die Vibrationen. Dann, bevor sie ihm ein Stück Gehirn rausschneiden, fängt einer der Kerle auch noch an, seine Großhirnrinde unter Strom zu setzen? Freiwillig? Das ist doch der Wahnsinn (6)'".
Genau genommen stammt dieser Text aus einem Krimi: *Furor* (6) heißt er und hat ein Nachwort von Christoph Koch, dem wirklichen deutschen Neurowissenschaftler, der über die Neurobiologie des Bewusstseins in Kalifornien forscht (4) und für das Tragen von Jeans und Cowboyhut ebenso bekannt ist wie für seinen schrecklich deutschen Akzent, mit dem er trotz seiner langen Jahre in den USA Englisch spricht. Geschrieben hat *Furor* ein Biologe, der auch als Wissenschaftsjournalist gearbeitet hat und sich in der Gehirnforschung auskennt. Und das ist kein Einzelfall.
Ist es Ihnen auch schon aufgefallen? Die Krimi-Kultur ist im Umbruch. Trieb früher die böse Mutter im Unbewussten des Mörders ihr Unwesen, reagierte er auf postnatale Seelenqualen mit Gewalt gegen Unschuldige oder wurde seine Motivstruktur im Rekurs auf Komplexe der Minderwertigkeit, Triebe des Bösen oder Sehnsüchte nach Blut und Tod aufgerollt, so wird Seelisches im modernen Krimi ganz anders verhandelt: Der Frontallappen überhitzt sich, der Mandelkern feuert unvermittelt oder der – bei Krimiautoren besonders beliebte – Hippocampus schlägt Kapriolen, ganz zu schweigen von distribuierten informationsverarbeitenden (neuronalen) Netzwerken,

---

1 Herrn Dr. Martin Schwarz gewidmet.

die die Welt retten wollen, indem sie die Erde von der Menschheit befreien (5). Statt Seelentheorien aus dem vorletzten Jahrhundert erfährt der Krimileser heute allerlei Interessantes über sein Gehirn, schmökernderweise, und einfach so zur Unterhaltung. Sie glauben es nicht? Lesen Sie selbst:

„Ich habe die Intelligenztests bestanden, und meine soziokognitiven Funktionen sind völlig intakt (...). Ein prima Präfrontalcortex. Bei mir hat einfach nur der Hintergrund nicht gestimmt, okay?'"

So erklärt der Protagonist seinem Freund und dem Leser von *Furor* (6) seine Lebenssituation mit Blick auf die Wechselwirkungen von Anlage und Umwelt. Die ganze Geschichte dreht sich um ein Gehirnforschungsinstitut, dessen Leiter ums Leben gekommen ist, weil er entdeckt hat, wie man Erinnerungen bei einem lebenden Menschen anzapfen und abspeichern kann.

In *Gefälschtes Gedächtnis* von John Case (1) geht es um einen Chip im Hippocampus, der Erinnerungen speichert und Menschen verändert, sie z. B. zu Killern oder Psychotherapeuten macht. Dort erfährt man allerlei Interessantes zum Hippocampus und zum Verhältnis von Lernen und Erinnern:

„Dem Neurobiologen zufolge waren Erinnerungen nicht statisch, sondern dynamisch und hatten eine physiologische Grundlage. Anders ausgedrückt, sie veränderten sich, und diese Veränderungen vollzogen sich auf der physischen Ebene der Zellen.

‚Wenn dem nicht so wäre', sagte er vor Gericht, ‚wären wir nicht lernfähig'" (1, S. 266).

Selbst die 2004 von mir diskutierten Studien zum Gedächtnis und dessen Flexibilität (7) sind im Krimi bestens verarbeitet:

„‚Erinnerungen werden durch neue Erfahrungen abgewandelt. Auf einer unbewussten Ebene ist uns das eigentlich klar, aber was wir möglicherweise nicht begreifen, ist, dass derselbe Mechanismus, durch den wir etwas lernen können, das heißt, der es uns möglich macht, unsere Erinnerungen zu modifizieren, zugleich die Möglichkeit schafft, dass wir uns unzulänglich an die Vergangenheit erinnern.

Wenn meine Frau und ich über ein gemeinsames Erlebnis sprechen – ein Konzert, einen Streit, eine Reise –, erinnern wir uns nur selten an dasselbe Erlebnis. Auf Grund eines Prozesses, den man ‚Chunking' nennt, wird unsere Erinnerung an das Konzert durch Erinnerung an andere Konzerte beeinflusst. Das können auch Konzerte sein, die wir im Fernsehen oder Kino gesehen haben, sogar Konzerte, von denen uns bloß erzählt worden ist. Und all diese Erinnerungen tauschen Details untereinander aus – sodass unsere Erinnerung an einen Nachmittag im Lincoln Center durch einen Dokumentarfilm über Woodstock verändert werden kann, den wir irgendwann einmal gesehen haben, und auch durch das, was wir über Wagner gelesen haben – ganz zu schweigen von dem Traum, in dem wir Delfine durch die Mailänder Scala schwimmen sahen.

Es funktioniert so: Jede Erinnerung ist über Neuronenstraßen mit allen anderen Erinnerungen verbunden. Aber in Anbetracht dessen, dass keine zwei Menschen dieselben Erfahrungen haben, muss jeder von uns eine einzigartige Matrix von Erinnerungen und neuronalen Verbindungen besitzen. Wenn meine Frau und ich also ein Konzert besuchen, machen wir ähnliche, aber unterschiedliche Erfahrungen – und haben dann ähnliche, aber unterschiedliche Erinnerungen an dasselbe Ereignis. Und nicht nur das: Da diese Erinnerungen selbst wiederum einer ständigen weiterführenden Entwicklung un-

terliegen, kann es passieren, dass die Erinnerungen, die meine Frau an das Konzert hat, absolut nicht wiederzuerkennen sind – wenigstens für mich.'" (1, S. 266f).

Der Autor nennt an dieser Stelle sogar die Expertin Elisabeth Loftus und deren Experimente zu Augenzeugenaussagen:

„„Die Studien belegten, dass die meisten Menschen – die Öffentlichkeit, Ärzte, Anwälte, sogar Psychiater – zwar gern an dem Glauben festhielten, Erinnerung sei ein Prozess der Rückschau, dass die Wirklichkeit jedoch ganz anders aussähe. Tatsächlich sei Erinnerung die Rekonstruktion eines Ereignisses im Kopf. Auch wenn sich das, wie Shaw sagte, nach Haarspalterei anhörte, könnte der Unterschied nicht grundlegender sein'.

Entscheidend dabei war, dass derartige Rekonstruktionen unzuverlässig seien. ,Die Erinnerung ist ein Romancier, kein Fotograf'" (1, S. 267).

Natürlich klappt es gegenwärtig rein praktisch mit dem Chip noch nicht so ganz. Aber eine Reihe von Forschern in aller Welt arbeitet tatsächlich dran und macht Fortschritte, die sich sehen lassen können (Abb. 1). Ein kürzlich erschienenes Buch (2) beschreibt die Erlebnisse eines Cyborg, der sich selbst so nennt, weil er (ein Mensch) erst durch ein technisches Implantat so richtig Mensch geworden sei.

Frank Schätzings *Der Schwarm* (5) schließlich erscheint zunächst neurobiologisch unverfänglich, verdankt seine Auflösung jedoch den Theorien neuronaler Netzwerke und vernetzter, verteilter Intelligenz.

Vorläufer gab es durchaus schon vor über hundert Jahren. Der Schriftsteller Ernst Eckstein (1845–1900) publizierte 1886 die Kurzgeschichte *Glück und Erkenntnis* (3) als Teil eines gleichnamigen Buches. Die Geschichte spielt im Jahr 2006, und es geht um Persönlichkeitsveränderungen durch operative Eingriffe am Gehirn. Der Protagonist hat ein depressives Syndrom (würden wir heute sagen) und ist – nicht unähnlich Woody Allen – von intellektualisierenden Selbstzweifeln geplagt. Unter der Bedingung, nach 14 Tagen alles wieder rückgängig zu machen, lässt er seinen Freund einen stereotaktischen Eingriff vornehmen, der ihn glücklich und erfolgreich macht. Als der Eingriff dann rückgängig gemacht wird, kommt es zu Problemen, die jeder Kliniker kennt, der mit einem depressiven Patienten darüber verhandelt, ob die Medikation noch ein Weilchen fortgesetzt werden sollte oder nicht.

Lassen wir es bei diesen Beispielen. Sie zeigen uns, dass die Krimiszene kulturell weiter ist als beispielsweise unsere Gymnasien, an denen das Über-Ich nebst weiteren hoffnungslos veralteten Begriffen gerade fröhlich im Ethikunterricht Einzug gehalten haben, nachdem sie gerade im

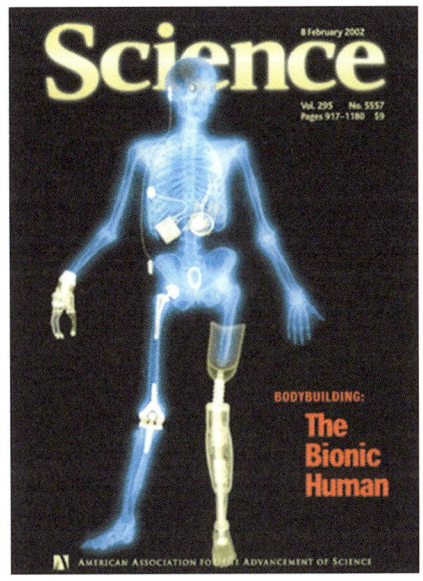

Abb. 1 Titel der Zeitschrift Science, in deren Ausgabe vom 8.2.02 es um die verschiedensten Prothesen für den Menschen ging.

Deutschunterricht – lange das Refugium hoffnungslos veralteter Seelentheorien aus dem vorvorletzten Jahrhundert – langsam wieder unmodern geworden sind. Wie gut, dass Jugendliche nebenbei Krimis lesen!

Literatur

1. Case JF. Gefälschtes Gedächtnis. Bergisch Gladbach: Bastei Lübbe 2002.
2. Chorost M. Rebuilt. How becoming part computer made me more human. Boston, MA: Houghton Mifflin 2005.
3. Eckstein E. Glück und Erkenntnis. Leipzig: Verlag Richard Eckstein 1886.
4. Koch C. The quest for consciousness: A neurobiological approach. Englewood, CO: Roberts & Co 2004.
5. Schätzing F. Der Schwarm. Köln: Kiepenheuer & Witsch 2004.
6. Schulte von Drach. Furor. München: DTV 2005.
7. Spitzer M. Falsche Erinnerungen – Präsident Bush in der Schule und Bugs Bunny im Disneyland. Nervenheilkunde 2004, 23: 300–4.

Großmutterneuronen

An mein Psychologie-Grundstudium kann ich mich noch gut erinnern. Wir lernten Theorien über die Gehirnfunktion. Zu den geflügelten Worten gehörte dabei das Großmutterneuron, das von kritischen Menschen erfunden worden war, um darauf hinzuweisen, wie unsinnig die Ansicht sei, dass wir in unseren Köpfen Neuronen für einzelne Gegenstände oder Personen beherbergten. Ein klassisches Strohmann-Argument also: Wer glaubt, dass die Analyseprozesse z. B. der optischen Wahrnehmung von Neuronen für Flecken, Ecken und Kanten über Neuronen für Farben und Formen zu immer komplexeren Strukturen fortschreite und bei Neuronen für einzelne Objekte ende, der müsse letztlich annehmen, dass es so etwas wie ein Neuron für seine Großmutter gebe, das immer dann aktiv sei, wenn wir die Großmutter sehen oder an sie denken. Ein Einfaltspinsel, wer sich das Wahrnehmen so einfach vorstellt, so die damals ganz allgemein vorherrschende Meinung, was von uns Studenten mit Schmunzeln zur Kenntnis genommen wurde.

Worüber sich Generationen von Psychologieprofessoren und -studenten lustig machten, war letztlich eine Annahme über die Art des neuronalen Codes, der vom Gehirn zur Speicherung von Informationen verwendet wird. Für die gleiche Information ist eine ganze Reihe unterschiedlicher Codes denkbar. Die Information „vor mir steht die Tasse mit Kaffee" kann durch Punkte auf einem Bild kodiert sein oder durch Druckschwankungen der Umgebungsluft (wenn mir jemand sagt, wo die Tasse ist, die ich gerade suche) oder durch die entsprechende Folge von Buchstaben oder Zeichen des Morsealphabets oder des ASCII-Codes, den Computer für Buchstaben verwenden. Nicht anders kann das Gehirn eine bestimmte Information auf viele oder auf nur wenige Neuronen verteilen, also unterschiedliche Codes benutzen. Da es keinen „besten" Code gibt, weil es von den Anforderungen an einen Code abhängt, ob er diesem genügt oder nicht, kann man annehmen, dass das Gehirn unterschiedliche Codes verwendet, je nachdem, worum es gerade geht bzw. welche Aufgabe zu meistern ist.

Betrachten wir folgende Beispiele: Hebe ich einen schweren Gegenstand und gebrauche viel Kraft, werden viele Aktionspotenziale benötigt, um an den motorischen Endplatten der Muskeln für genügend Erregung zu sorgen. Die Feuerrate der Neuronen kodiert also die eingesetzte Kraft. Dachte man über lange Zeit, dass dieser Raten-Code die einzige Art sei, in den Nervenzellen Informationen zu repräsentieren (wenn es hell ist, feuern die Zellen des Sehsystems heftig, ist es dunkel, feuern sie weniger; und entsprechend bei anderen Sinnesmodalitäten), so waren doch schon länger Phänomene bekannt, die sich mit dem Raten-Code nicht erklären ließen. Das Richtungshören beispielsweise wird durch die Laufzeiten einzelner Aktionspotenziale erklärt, womit impliziert wird, dass das genaue Timing eines einzigen Aktionspotenzials Informationen enthalten kann. Ein solcher Time-Code wäre viel sparsamer (das heißt, er enthielte mehr Informationen pro Aktionspotenzial) als der Raten-Code, sodass ein Gehirn, das ihn verwendet, bei gleichem Energieaufwand deutlich mehr Informationen verarbeiten könnte. *„Why waste all the hardware?"* war denn auch die Antwort des Physikers John Hopfield (2) auf die Frage, warum er bei bislang kaum vorliegenden unterstützenden Fakten daran glaube, dass das Gehirn einen Zeit-Code (und im Wesentlichen nicht einen Raten-Code) verwendet.

Zurück zum Großmutterneuron. Es stand für eine bestimmte Form der Kodierung von Informationen im menschlichen Gehirn (invariant und lokalisiert bzw. sparsam), von der man sich nicht vorstellen konnte oder wollte, dass sie tatsächlich implementiert sei. Motto: „Das wäre ja nun wirklich zu einfach" – und deswegen konnte nicht sein, was nicht sein durfte.

Zu den Vorzügen der empirischen Wissenschaften gehört, dass sich Fakten wenig darum kümmern, ob Menschen sie sich vorstellen können. Deswegen übersteigen die Ergebnisse und Erkenntnisse der empirischen Wissenschaften nicht selten unsere Vorstellungskraft: Die Verhältnisse in einem schwarzen Loch oder einem Atomkern können wir uns nicht wirklich ausmalen, aber es gibt genügend Daten, um Theorien zu prüfen und Vorhersagen zu treffen.

Nicht anders ist es in der Neurowissenschaft. Wie oft hört man das Argument: „Wie 100 Milliarden Neuronen unseren Geist hervorbringen, werden wir nie verstehen!" – Die Antwort des Empirikers lautet hier ganz einfach: „Lass uns mal mit ein paar Neuronen anfangen und sehen, wie weit wir kommen."

Womit wir bei einer interdisziplinären Studie von Neurochirurgen und Neuroinformatikern wären, in der es um die Kodierung visuell dargebotener Information im medialen Temporallappen ging, der seit langem mit hochstufigen neuronalen Repräsentationen (also nicht Ecken und Kanten, sondern Objekte und Leute) in Verbindung gebracht wird, bislang allerdings vor allem aufgrund von tierexperimentellen Studien an Affen (3, 5). Während neurochirurgischer Eingriffe zur Behandlung von acht Epilepsie-Patienten wurde die Aktivität einzelner Neuronen im entorhinalen Kortex, im parahippokampalen Gyrus, in der Amygdala und im Hippokampus in insgesamt 21 Untersuchungen abgeleitet. Dabei wurden jeweils 70 bis 110 Bilder von insgesamt 14 bekannten oder unbekannten Personen bzw. Objekten für jeweils eine Sekunde in zufälliger Reihenfolge gezeigt. Die Dauer einer Untersuchung betrug im Durchschnitt etwa eine halbe Stunde und war vom Patienten und seiner Verfassung abhängig.

Insgesamt wurden von 993 Orten Ableitungen vorgenommen, von denen 132 eine deutliche Reaktion auf die Bilder aufwiesen. Bei wiederum 44 hiervon fand man spezifische Reaktionen auf bestimmte Bilder: So identifizierte man beispielsweise ein Neuron, das durch verschiedene Bilder der Schauspielerin Jennifer Aniston aktiviert wurde, nicht jedoch durch eines der 80 Kontrollbilder, selbst wenn·diese eine andere Schauspielerin wie beispielsweise Julia Roberts zeigten. Die Bilder der Schauspielerin, durch die das Neuron erregt wurde, zeigten dabei ganz unterschiedliche Ansichten und Gesichtsausdrücke, hatten also rein optisch wenig gemeinsam; aber es waren Bilder von derselben Person. Und für diese Person steht dieses Neuron ganz offensichtlich. Es ging also nicht um visuelle Gemeinsamkeiten – solche gab es durchaus zwischen Bildern verschiedener Schauspielerinnen –, sondern um Gemeinsamkeiten im nicht-visuellen Bereich.

Dass die Neuronen auf nicht-visuelle Gemeinsamkeiten und Unterschiede ansprachen, machte ein Neuron besonders deutlich, das sowohl auf Jennifer Aniston als auch auf die Schauspielerin Lisa Kudrow reagierte, die zusammen mit Aniston in der Serie Friends auftritt. Umgekehrt reagierte das oben bereits angeführte „Jennifer-Aniston-Neuron" nicht auf ein Bild, das die Schauspielerin zusammen mit ihrem Ex-Mann Brad Pitt zeigte. Das Neuron scheint also die Regenbogenpresse der letzten Monate aufmerksam verfolgt zu haben!

Neuronen, die ganz selektiv auf bestimmte Gesichter – beispielsweise Bill Clinton – ansprachen, fand man auch schon in Studien an Affen. Nur beim Menschen jedoch konnte man Neuronen finden, die beispielsweise selektiv auf Bilder der Schauspielerin Halle Berry reagierten, einschließlich des Stimulus „Halle Berry". Gerade diese Tatsache des Ansprechens auf den Schriftzug, der die Person benennt, ohne dass sie zu sehen ist, zeigt den Abstraktionsgrad der neuronalen Repräsentation.

Nicht nur Personen sind in dieser Weise zentralnervös repräsentiert. Man zeigte beispielsweise auch ganz unterschiedliche Ansichten der Opernhauses von Sydney, dem weltbekannten Wahrzeichen dieser Stadt. Auch für dieses Bauwerk fand sich ein Neuron, das ebenfalls nicht nur auf die unterschiedlichsten Ansichten (Abb. 1a–c) reagierte, sondern auch auf „Sydney Opera" (Abb. 1d).

Abb. 1a–d Unterschiedliche Ansichten des Opernhauses von Sydney. Stimuli dieser Art wurden von Quiroga und Mitarbeitern verwendet, um nachzuweisen, dass es Neuronen gibt, die unabhängig vom visuellen Eindruck ganz allgemein die Identität des Opernhauses in Sydney anzeigen (a–c). Dafür spricht auch die Reaktion des gleichen Neurons auf den Stimulus „Sydney Opera" (d).

Und was ist nun mit dem Großmutterneuron? – Nun, da nicht ausgeschlossen werden kann, dass Ms. Aniston oder Ms. Berry irgendwann einmal Enkel haben könnten, kann die Existenz von Großmutterneuronen als wissenschaftlich nachgewiesen gelten, wie in einem Kommentar des Magazins *Nature* messerscharf geschlossen wurde (1, S. 1036).

Das Großmutterneuron begann seine Existenz als argumentativer Strohmann, als Lachnummer, die dazu diente, sich vor Augen zu führen, was es nicht gibt. Aber innerhalb weniger Jahrzehnte wurden aus der verhöhnten Totgeburt höchst interessante lebendige Zellen. Es lebe das Großmutterneuron und die empirische Neurowissenschaft!

Literatur

1. Connor CE. Friends and grandmothers. Nature 2005; 435: 1036–7.
2. Hopfield J. Persönliche Mitteilung (Äußerung im Rahmen einer Tagung über: The role and control of noise in biological systems.) Sigtuna, Schweden, 1995.
3. Perret D, Rolls E, Caan W. Visual neurons responsive to faces in the monkey termporal cortex. Exp Brain Res 1982; 47: 329–42.
4. Quiroga RQ, Reddy L, Kreiman G, Koch C, Fried I. Invariant visual representation by single neurons in the human brain. Nature 2005; 435: 1102–7.
5. Tanaka K. Neuronal mechanisms of object recognition. Science 1993; 262: 685–8.

Sachverzeichnis

134

Die Bücher der Spitzer-Klasse

Jetzt als preiswerte Taschenbuchausgabe

Manfred Spitzer
Frontalhirn an Mandelkern
Letzte Meldungen aus der *Nervenheilkunde*

Kommunizieren Organe miteinander wie Fluglotsen mit Piloten oder Kapitäne mit Maschinenräumen? Die Geschichte dieses spannenden Funkverkehrs im Gehirn ist nur eine der „letzten Meldungen" aus der Nervenheilkunde, die Manfred Spitzer in dieser Kollektion neurobiologischer Miniaturen präsentiert.

2005. 134 Seiten, 47 Abbildungen, 2 Tabellen, kart.
€ 22,95/CHF 36,70 · ISBN-13: 978-3-7945-2409-9
ISBN-10: 3-7945-2409-8

Manfred Spitzer
Musik im Kopf
Hören, Musizieren, Verstehen und Erleben
im neuronalen Netzwerk

„... ein gelungener Wissenschaftsschmöker ..."
Die Tonkunst 3/2005

„... eine derzeit wohl einzigartige Zusammenstellung von Wissenswertem über die Natur der Musik ..."
Forschung Frankfurt (Uni Ffm) 1/2004

„Ein fantastisches Buch, ich werde es an meine Kollegen weitergeben ..."
Wolfgang Dauner (German All Stars),
Pianist und Nestor des deutschen Jazz

„Der Autor geht weit über die Grenzen seines Fachs hinaus, vermittelt eigene Freude an der Musik, macht durch seinen schlüssigen Kapitelaufbau und Beispiele immer wieder neugierig und bleibt trotz spürbaren wissenschaftlichen Anspruchs gut lesbar."
Psychiatrische Praxis März 2003

Paperbackausgabe 2005. 480 Seiten, 146 Abbildungen, kart.
€ 19,95/CHF 31,90 · ISBN-13: 978-3-7945-2427-3
ISBN-10: 3-7945-2427-6

www.schattauer.de

Manfred Spitzer
Von Geistesblitzen und Hirngespinsten
Neue Miniaturen aus der *Nervenheilkunde*

Einige Themen aus dieser Kollektion neurobiologischer „Miniaturen": • Der Mandelkern und die metakognitive Kernkompetenz • Verstoßen im Scanner: Ablehnung schmerzt • Ground Zero • Sucht-Gedanken • Zur Neurobiologie der Musik • Vom Sinn der Sinnlichkeit

2004. 122 Seiten, 43 Abbildungen, kart.
€ 22,95/CHF 36,70 · ISBN-13: 978-3-7945-2349-8
ISBN-10: 3-7945-2349-0

Manfred Spitzer
Verdacht auf Psyche
Grundlagen, Grundfragen und Grundprobleme
der *Nervenheilkunde*

Manfred Spitzer referiert und kommentiert verblüffende, zum Teil kuriose und faszinierende Phänomene aus der Welt von Geist und Gehirn. Wie immer geht es um „wahre Geschichten" aus der Nervenheilkunde, die zum Denken anregen und zugleich Spaß machen sollen.

2003. 124 Seiten, 21 Abbildungen, kart.
€ 22,95/CHF 36,70 · ISBN-13: 978-3-7945-2267-5
ISBN-10: 3-7945-2267-2

Manfred Spitzer
Nervensachen
Perspektiven zu Geist, Gehirn und Gesellschaft

Eine Anthologie Spitzers bester Geschichten aus der Neurobiologie und ihrer klinischen Anwendung in der Nervenheilkunde – informative, spannende und erstaunlich unterhaltsame Einblicke in die Funktion des Gehirns.

1. Nachdr. 2004 d. 1. Aufl. 2003. 363 Seiten, 47 Abbildungen, geb.
€ 34,95/CHF 55,90 · ISBN-13: 978-3-7945-2202-6
ISBN-10: 3-7945-2202-8